W0254765

Teubner Studienskripten Elektrotechnik

Ebel, Regelungstechnik
2., überarbeitete Auflage.
160 Seiten. DM 10,80

Ebel, Beispiele und Aufgaben zur Regelungstechnik
151 Seiten. DM 8,80

Eckhardt, Numerische Verfahren in der Energietechnik
208 Seiten. DM 16,80

Freitag, Einführung in die Vierpoltheorie
128 Seiten. DM 9,80

Frohne, Einführung in die Elektrotechnik

Band 1 Grundlagen und Netzwerke
3., überarbeitete und erweiterte Auflage.
172 Seiten. DM 10,80

Band 2 Elektrische und magnetische Felder
2., durchgesehene und erweiterte Auflage.
241 Seiten. DM 12,80

Band 3 Wechselstrom
2., durchgesehene Auflage.
200 Seiten. DM 10,80

Gad, Feldeffektelektronik
266 Seiten. DM 16,80

Haack, Einführung in die Digitaltechnik
2., überarbeitete und erweiterte Auflage.
200 Seiten. DM 12,80

Harth, Halbleitertechnologie
135 Seiten. DM 9,80

Hilpert, Halbleiterbauelemente
2., durchgesehene Auflage.
158 Seiten. DM 10,80

Kirschbaum, Transistorverstärker

Band 1 Technische Grundlagen
215 Seiten. DM 12,80

Band 2 Schaltungstechnik Teil 1
231 Seiten. DM 14,80

Band 3 Schaltungstechnik Teil 2
248 Seiten. DM 15,80

Morgenstern, Farbfernsehtechnik
230 Seiten. DM 14,80

v. Münch, Werkstoffe der Elektrotechnik
3., neubearbeitete und erweiterte Auflage.
254 Seiten. DM 14,80

Preisänderungen vorbehalten

Zu diesem Buch

Dieses Skriptum enthält den Stoff einer Wahlvorlesung für Studenten der Elektrotechnik im 8. Semester an der Technischen Universität Braunschweig. Es werden numerische Verfahren dargestellt, die zur Lösung ingenieurwissenschaftlicher Aufgaben im Bereich der Energietechnik von Interesse sind. In 15 Beispielen wird die Anwendung der Verfahren erläutert. Die Kenntnis einer Programmiersprache wird nicht vorausgesetzt.

Numerische Verfahren in der Energietechnik

Von Dr.-Ing. H. Eckhardt

Professor an der
Technischen Universität Braunschweig

Unter Mitwirkung von
Dipl.-Ing. I. Gahbler
und Dipl.-Ing. J. Hamann

Technische Universität Braunschweig

Mit 90 Bildern und 15 Beispielen

B. G. Teubner Stuttgart 1978

Prof. Dr.-Ing. Hanskarl Eckhardt

1928 in Moers am Rhein geboren. 1949 bis 1953 Studium der Elektrotechnik an der Technischen Hochschule Karlsruhe. 1953 bis 1958 Berechnungs- und Prüffeldingenieur im Mülheimer Werk (Turbogeneratorenbau) der Siemens AG. 1958 bis 1963 Dozent an der Staatlichen Ingenieurschule Köln. Ab 1963 tätig am Institut für elektrische Maschinen, Antriebe und Bahnen der Technischen Universität Braunschweig, seit 1968 als Abteilungsvorsteher und Professor.

Dipl.-Ing. Ingobert Gahbler

1949 in Usedom geboren. 1969 bis 1975 Studium der Elektrotechnik an der Technischen Universität Braunschweig. Seit 1975 wissenschaftlicher Angestellter am Institut für elektrische Maschinen, Antriebe und Bahnen der Technischen Universität Braunschweig.

Dipl.-Ing. Jens Hamann

1947 geboren in Neumünster. 1968 bis 1973 Studium der Elektrotechnik an der Technischen Universität Braunschweig. Seit 1974 wissenschaftlicher Assistent am Institut für elektrische Maschinen, Antriebe und Bahnen der Technischen Universität Braunschweig.

CIP-Kurztitelaufnahme der Deutschen Bibliothek

Eckhardt, Hanskarl:
Numerische Verfahren in der Energietechnik / von H. Eckhardt. Unter Mitw. von I. Gahbler u. J. Hamann. - Stuttgart : Teubner, 1978.
(Teubner Studienskripten ; 78 : Elektrotechnik)
ISBN 978-3-519-00078-5   ISBN 978-3-322-94918-9 (eBook)
DOI 10.1007/978-3-322-94918-9

Umschlaggestaltung: W. Koch, Sindelfingen

Vorwort

Die fortschreitende Anwendung numerischer Berechnungsverfahren in Industrie und Forschung erfordert eine über das Erlernen einer Programmiersprache hinausgehende Beschäftigung mit diesem Gebiet. Aus dem Grunde wird für Studierende der Elektrotechnik im 8. Semester seit 6 Jahren an der Technischen Universität Braunschweig eine Vorlesung über numerische Verfahren in der Energietechnik angeboten, verbunden mit einer Übungsstunde, in der eine Einführung in FORTRAN IV gegeben wird, so daß die Studenten Rechenmethoden und Programmiertechnik an praxisnahen Beispielen lernen. Das vorliegende Skriptum entstand aus dieser Lehrveranstaltung und behandelt die drei Hauptthemen:

Lösung von partiellen Differentialgleichungen 2. Ordnung und Systemen von gewöhnlichen Differentialgleichungen 1. Ordnung sowie die mathematische Optimierung. Übergeordnet ist eine Darstellung zur Lösung symmetrisch-definiter Gleichungssysteme, da hierauf in den anderen Abschnitten zurückgegriffen wird. Anschließend sind einige mathematische Ergänzugen zusammengestellt, die zur Abrundung des Verständnisses dienen, hierzu gehört eine Einführung in die Begriffe der Variationsrechnung.

Im Abschnitt über die Lösung partieller Differentialgleichungen 2. Ordnung mit dem Differenzenverfahren und der Methode der finiten Elemente wird der Schwerpunkt auf die Berechnung magnetischer Felder gelegt. Die dort gezeigten Überlegungen können auf Probleme der elektrischen Feldverteilung, der Wärmeleitung, der Strömungsmechanik und der mechanischen Elastizität übertragen werden. Bei der Optimierung werden iterative Suchverfahren im Vektorraum für nichtlineare Probleme mit und ohne Restriktionen beschrieben. Hierzu gehört ein weites Anwendungsgebiet, beispielsweise die Festlegung von Parametern und die Dimensionierung von elektrischen Geräten und Maschinen. Zur Lösung nichtlinearer Differentialgleichungssysteme mit konstanten oder nichtkonstanten Koeffizienten wird die schrittweise Integration behandelt. Diese Gleichungssysteme treten bei der Berechnung von Ausgleichsvorgängen in Netzen, Maschinen und Stromrichterschaltungen auf.

Im letzten Abschnitt werden 15 Beispiele behandelt, die bei ihrer Erwähnung im Text durchgearbeitet werden sollten. Sie enthalten Hinweise zum Rechnungsablauf in Form von Flußdiagrammen und setzen nicht die Kenntnis einer Programmiersprache voraus, sind aber als Übungsaufgaben parallel zu einem Programmierkurs geeignet. Aufgrund ihrer allgemein gehaltenen Darstellung können die Beispiele mit einem programmierbaren Tischrechner nachgerechnet werden, einige erfordern allerdings einen leistungsfähigen Digitalrechner.

In den Bibliotheken der Rechenzentren werden ausführliche Programme zu den von uns behandelten Lösungsverfahren angeboten. Das vorliegende Skriptum vermittelt Grundkenntnisse für die Auswahl und Anwendung dieser Unterprogramme und kann den Einstieg in weiterführende Literatur erleichtern.

Fräulein H. Westphal fertigte die Reinschrift des Manuskriptes und Frau I. Buchholz die Zeichnungen an. Beiden Damen sei an dieser Stelle für ihre sorgfältige Arbeit und ihre Mithilfe unter Verwendung ihrer Freizeit herzlich gedankt.

Braunschweig, Juni 1978

H. Eckhardt I. Gahbler J. Hamann

Inhaltsverzeichnis

Seite

Seite

1.Numerische Lösung symmetrisch-definiter Gleichungssysteme

Die numerische Lösung partieller Differentialgleichungen führt zu linearen Gleichungssystemen, deren Koeffizientenmatrix in den meisten Fällen die besondere Eigenschaft haben, symmetrisch definit zu sein. In diesem Abschnitt wird dieser Begriff erläutert, und die Lösung solcher Gleichungssysteme mit Hilfe von Eliminations- und Iterationsverfahren gezeigt. Die Bedeutung dieses Abschnitts wird dadurch unterstrichen, daß auch in den anderen anwendungsbezogenen Themen dieses Skriptums auf die Grundidee der Relaxationsrechnung und die sich daraus ableitenden Methoden Bezug genommen wird. Die Darstellung folgt im wesentlichen den Ausführungen von S c h w a r z [1].

1.1 Grundlagen

Ein linearen Gleichungssystem mit konstanten Koeffizienten schreiben wir in der Form

$$\underline{A}\,\underline{x} + \underline{b} = \underline{0} \quad , \tag{1.1}$$

wobei die symmetrische Koeffizientenmatrix

$$\underline{A} = \begin{bmatrix} a_{11} & a_{12} & \cdots & a_{1n} \\ a_{12} & a_{22} & \cdots & a_{2n} \\ \cdot & \cdot & \cdots & \cdot \\ a_{1n} & a_{2n} & \cdots & a_{nn} \end{bmatrix} \tag{1.2}$$

mit ihrer transponierten $\underline{A}^T$ identisch ist.
Gesucht ist der Lösungsvektor

$$\underline{x}^T = [\, x_1, x_2, \ldots, x_n \,] \tag{1.3}$$

bei gegebener "rechter Seite"

$$\underline{b}^T = [\, b_1, b_2, \ldots, b_n \,] \quad . \tag{1.4}$$

Setzen wir für $\underline{x}$ einen beliebigen Vektor $\underline{v}$ ein, so geht Gl. (1.1) über in

$$\underline{A}\,\underline{v} + \underline{b} = \underline{r} \quad . \tag{1.5}$$

Den Vektor

$$\underline{r}^T = [\; r_1, r_2, \ldots, r_n] \qquad (1.6)$$

bezeichnet man als Residuum. Für $\underline{v}=\underline{x}$ wird $\underline{r}=\underline{0}$.

Unter einem Eigenvektor $\underline{x}$ der Matrix $\underline{A}$ versteht man einen nicht verschwindenden Vektor $\underline{x}$, welcher der Gleichung

$$\underline{A}\;\underline{x} = \lambda\;\underline{x} \qquad (1.7)$$

mit einem zunächst noch unbekannten Parameter λ genügt. Schreibt man Gl. (1.7) in der Form

$$(\underline{A} - \lambda\;\underline{E})\underline{x} = \underline{0} \quad , \qquad (1.8)$$

so erkennt man den homogenen Charakter dieser Gleichung, die nur dann eine nichttriviale Lösung $\underline{x}\neq 0$ hat, wenn die Determinante ihrer Koeffizientenmatrix verschwindet. Die charakteristische Gleichung der Matrix

$$\det(\underline{A} - \lambda\;\underline{E}) = 0 \qquad (1.9)$$

besitzt als algebraische Gleichung n-ten Grades in λ n Wurzeln. Für diese Eigenwerte λ_i sind die Eigenvektoren $\underline{x}_i$ die Lösungen der Gl. (1.7)

$$\underline{A}\;\underline{x}_i = \lambda_i\;\underline{x}_i \quad . \qquad (1.10)$$

Unter der quadratischen Form einer symmetrischen Matrix $\underline{A}$ versteht man den Ausdruck

$$Q = \underline{x}^T\;\underline{A}\;\underline{x} \quad , \qquad (1.11a)$$

der ausgeschrieben lautet

$$\begin{aligned} Q = a_{11}x_1^2 &+ 2a_{12}x_1x_2 + \ldots + 2a_{1n}x_1x_n \\ &+ a_{22}x_2^2 \quad + \ldots + 2a_{2n}x_2x_n \\ &\qquad\quad + \ldots \\ &\qquad\qquad\qquad + a_{nn}x_n^2 \quad . \end{aligned} \qquad (1.11b)$$

Falls für beliebige Vektoren $\underline{x}$ $Q\geq 0$ ist und $Q=0$ nur für $\underline{x}=\underline{0}$ gilt, heißen die quadratische Form und die zugehörige Matrix <u>positiv definit</u>.

Multipliziert man Gl. (1.10) von links mit $\underline{x}_i^T$

$$\underline{x}_i^T \underline{A}\, \underline{x}_i = \lambda_i\, \underline{x}_i^T \underline{x}_i \quad ,$$

so erhält man für den Eigenwert λ_i unter Berücksichtigung von Gl. (1.11a)

$$\lambda_i = \frac{Q_i}{\|\underline{x}_i\|^2} \tag{1.12}$$

mit dem Quadrat der <u>euklidischen Norm</u> von $\underline{x}$

$$\|\underline{x}\|^2 = \underline{x}^T \underline{x} = \sum_j x_j^2 \quad .$$

Positiv definite Matrizen besitzen demnach stets positive Eigenwerte.

Die Ausmultiplikation der quadratischen Form (Gl. (1.11b)) läßt erkennen, daß eine positiv definite Matrix notwendigerweise positive Diagonalelemente hat. Ist beispielsweise die Komponente $x_k=1$ und sind alle übrigen Komponenten $x_i=0$ für $i\neq k$, dann bleibt $Q=a_{kk}>0$ nur für $a_{kk}>0$. Außerdem läßt sich zeigen, daß das größte Element a_{ik} in der Hauptdiagonalen liegen muß.

Eine Matrix läßt sich als Produkt zweier Dreiecksmatrizen darstellen

$$\underline{A} = \underline{C}\, \underline{B} \quad , \tag{1.13}$$

mit

$$\underline{C} = \begin{bmatrix} 1 & & & & \\ c_{21} & 1 & & & \\ c_{31} & c_{32} & 1 & & \\ \cdot & \cdot & \cdot & \cdot & \\ c_{n1} & c_{n2} & c_{n3} & \cdots & 1 \end{bmatrix} \quad , \tag{1.14}$$

$$\underline{B} = \begin{bmatrix} b_{11} & b_{12} & b_{13} & \cdots & b_{1n} \\ & b_{22} & b_{23} & \cdots & b_{2n} \\ & & b_{33} & \cdots & b_{3n} \\ & & & \cdots & . \\ & & & & b_{nn} \end{bmatrix} . \qquad (1.15)$$

Die Koeffizienten der Dreiecksmatrizen können sukzessiv durch Koeffizientenvergleich mit der Ausgangsmatrix berechnet werden, wie in Beispiel 1 gezeigt wird. Die Determinanten der beiden Teilmatrizen sind

$$\det \underline{C} = 1 \quad ,$$

$$\det \underline{B} = b_{11}\, b_{22}\, b_{33} \cdots b_{nn} \quad , \qquad (1.16)$$

so daß wegen der allgemein gültigen Rechenvorschrift

$$\det(\underline{C}\ \underline{B}) = \det \underline{C} \quad \det \underline{B},$$

der Wert der Determinante von $\underline{A}$ gleich dem Produkt der Diagonalelemente der Dreiecksmatrix $\underline{B}$ ist. Ist die Matrix $\underline{A}$ nichtsingulär, det $\underline{A} \neq 0$, darf notwendigerweise keines der Hauptdiagonalelemente b_{ii} den Wert Null annehmen.

Wenn $\underline{A}$ eine symmetrische Matrix ist, besteht zwischen den Dreiecksmatrizen $\underline{C}$ und $\underline{B}$ die Beziehung (siehe Beispiel 1)

$$\underline{C}\ \underline{D} = \underline{B}^T \quad , \qquad (1.17)$$

mit der Diagonalmatrix $\underline{D}=\mathrm{Diag}(b_{ii})$. Für die symmetrische Matrix gilt daher die Dreieckszerlegung

$$\underline{A} = \underline{C}\ \underline{B} = \underline{B}^T\ \underline{D}^{-1}\ \underline{B} = \underline{B}^T\ \underline{D}^{-1/2}\ \underline{D}^{-1/2}\ \underline{B} = \underline{R}^T\ \underline{R} \qquad (1.18)$$

mit $\underline{R}=\underline{D}^{-1/2}\underline{B}$. Diese Zerlegung wird als <u>C h o l e s k y-Zerlegung</u> bezeichnet. Die Berechnung der Koeffizienten der Dreiecksmatrix

$$\underline{R} = \begin{bmatrix} r_{11} & r_{12} & \cdots & r_{1n} \\ & r_{22} & \cdots & r_{2n} \\ & & \cdots & \cdot \\ & & & r_{nn} \end{bmatrix} \tag{1.19}$$

muß nicht notwendigerweise über die Zerlegung $\underline{A}=\underline{C}\underline{B}$ führen, sondern die Elemente r_{ik} können unmittelbar aus einem Koeffizientenvergleich mit der Matrix $\underline{A}$ berechnet werden (Beispiel 2). Man erhält folgende Rekursionsformeln

$$r_{ik} = (a_{ik} - r_{1i}r_{1k} - r_{2i}r_{2k} - r_{3i}r_{3k} - \cdots \\ \cdots - r_{i-1,i}r_{i-1,k})/r_{ii} \quad , \tag{1.20a}$$

$$r_{ii}^2 = a_{ii} - r_{1i}^2 - r_{2i}^2 - \cdots - r_{i-1,i}^2 \quad . \tag{1.20b}$$

Wird in der quadratischen Form die Dreieckszerlegung eingeführt, dann wird

$$Q = \underline{x}^T \underline{A} \underline{x} = \underline{x}^T \underline{R}^T \underline{R} \underline{x} = \underline{y}^T \underline{y} = y_1^2 + y_2^2 + \cdots + y_n^2 \tag{1.21}$$

mit $\underline{y}=\underline{R}\underline{x}$. Q ist > 0 für $x \neq 0$, wenn $y \neq 0$ und reell ist. Das ist aber dann der Fall, wenn $\underline{R}$ nichtsingulär und reell ist, was gewährleistet ist, wenn alle Diagonalelemente der Dreiecksmatrix $\underline{B}$ größer Null sind, denn dann ist die Diagonalmatrix $\underline{D}^{-1/2}$ reell.

Wir fassen zusammen: Eine reelle symmetrische Matrix ist dann und nur dann positiv definit, wenn ihre Dreieckszerlegung $\underline{A}=\underline{C}\underline{B}$ mit $c_{ii}=1$ stets auf positive Diagonalelemente $b_{ii}>0$ führt. Notwendige Bedingung ist, daß die Diagonalelemente der Matrix $\underline{A}$ größer Null sind, $a_{ii}>0$.

In vielen praktischen Fällen ist die positive Definitheit aus der physikalischen Bedeutung der quadratischen Form als Energie sichergestellt.

Eine Matrix, deren Elemente außerhalb eines Bandes längs der Hauptdiagonalen verschwinden, heißt <u>Bandmatrix</u>. Die Zahl m gibt die Bandbreite an:

$$a_{ik} = 0 \qquad \text{für } i \text{ und } k \text{ mit } |i - k| > m$$

Sonderfälle: m = 0 $\underline{A}$ ist eine Diagonalmatrix

m = 1 $\underline{A}$ ist eine tridiagonale oder Jacobi-Matrix.

Von besonderer Bedeutung ist, daß die Cholesky-Zerlegung einer symmetrisch-definiten Bandmatrix $\underline{A} = \underline{R}^T \underline{R}$ die Bandgestalt unverändert läßt.
Tridiagonale Bandmatrizen spielen für die Lösung von Differenzengleichungen (Abschnitt 2) eine besondere Rolle.
Hat die Koeffizientenmatrix $\underline{A}$ die Form

$$\underline{A} = \begin{bmatrix} a_{11} & a_{12} & & & \\ a_{12} & a_{22} & a_{23} & & \\ & a_{23} & a_{33} & a_{34} & \\ & & \cdot & \cdot & \cdot \\ & & & & a_{n-1,n} \\ & & & a_{n-1,n} & a_{nn} \end{bmatrix} , \qquad (1.2a)$$

so berechnen sich die Koeffizienten der Choleskymatrix $\underline{R}$ zu

$$r_{11} = \sqrt{a_{11}} \quad , \qquad r_{12} = \frac{a_{12}}{r_{11}} \qquad (1.20c)$$

$$r_{ii} = \sqrt{a_{ii} - r_{i-1,i}^2} \quad , \qquad i = 2,3,\ldots,n \qquad (1.20d)$$

$$r_{i,i+1} = \frac{a_{i,i+1}}{r_{ii}} \quad , \qquad i = 2,3,\ldots,n-1 \qquad (1.20e)$$

1.2 Lösung eines linearen Gleichungssystems mit Hilfe von Dreiecksmatrizen, Eliminationsverfahren

Betrachten wir das Gleichungssystem

$$\underline{B}\,\underline{x} + \underline{b} = \underline{0} \tag{1.22}$$

mit der Dreiecksmatrix $\underline{B}$ nach Gl. (1.15), so ist ersichtlich, daß sich die gesuchten Komponenten des Vektors $\underline{x}$ sukzessiv in der Reihenfolge $x_n, x_{n-1}, \ldots, x_1$ berechnen lassen. Man kann daher die Zerlegung der Koeffizientenmatrix eines Gleichungssystems in Dreiecksmatrizen zur Lösung des Gleichungssystems benutzen.

Beschränken wir uns auf das positiv-definite, symmetrische Gleichungssystem

$$\underline{A}\,\underline{x} + \underline{b} = \underline{0} \quad ,$$

so führt die Choleskyzerlegung $\underline{A} = \underline{R}^T\,\underline{R}$ auf

$$\underline{R}^T\,\underline{R}\,\underline{x} + \underline{b} = \underline{0} \quad . \tag{1.23}$$

Wir definieren einen Hilfsvektor

$$\underline{y} = \underline{R}\,\underline{x} \tag{1.24a}$$

der aus der Gleichung

$$\underline{R}^T\,\underline{y} + \underline{b} = \underline{0} \tag{1.25a}$$

zu berechnen ist. Es sind also nacheinander zwei Gleichungssysteme mit den Dreiecksmatrizen $\underline{R}^T$ und $\underline{R}$ zu lösen. Durch "Vorwärtseinsetzen" erhält man den Vektor $\underline{y}$ und durch "Rückwärtseinsetzen" den gesuchten Lösungsvektor $\underline{x}$.
Ausführlich geschrieben lauten die Gleichungen

$$\begin{aligned}
&r_{11}\,y_1 && + b_1 = 0\\
&r_{12}\,y_1 + r_{22}\,y_2 && + b_2 = 0\\
&r_{13}\,y_1 + r_{23}\,y_2 + r_{33}\,y_3 && + b_3 = 0\\
&\cdots\cdots\cdots\cdots\cdots\cdots\cdots\cdots\cdots\cdots\\
&r_{1n}\,y_1 + r_{2n}\,y_2 + r_{3n}\,y_3 + \ldots && + b_n = 0
\end{aligned} \tag{1.24b}$$

$$\begin{aligned}
r_{11}\,x_1 + r_{12}\,x_2 + r_{13}\,x_3 + \ldots + r_{1n}\,x_n - y_1 &= 0 \\
r_{22}\,x_2 + r_{23}\,x_3 + \ldots + r_{2n}\,x_n - y_2 &= 0 \\
r_{33}\,x_3 + \ldots + r_{3n}\,x_n - y_3 &= 0 \qquad (1.25b) \\
\ldots\ldots\ldots\ldots\ldots\ldots\ldots & \\
r_{nn}\,x_n - y_n &= 0 \quad .
\end{aligned}$$

Die Gleichungssysteme lassen sich durch folgende Summen ausdrücken

$$y_k = -\,(b_k + \sum_{i=1}^{k-1} r_{ik}\,y_i)/r_{kk} \quad , \quad k=1,2,\ldots,n \qquad (1.24c)$$

$$x_i = (y_i - \sum_{k=i+1}^{n} r_{ik}\,x_k)/r_{ii} \quad , \quad i=n,n-1,\ldots,1\;. \qquad (1.25c)$$

Im Falle einer symmetrischen tridiagonalen Bandmatrix (Beispiel 3) vereinfachen sich diese Gleichungen zu

$$y_1 = -\,b_1/r_{11} \qquad (1.26a)$$

$$y_i = -(b_i + r_{i-1,i}\,y_{i-1})/r_{ii} \quad , \quad i=2,3,\ldots,n \qquad (1.26b)$$

$$x_n = y_n/r_{nn} \qquad (1.26c)$$

$$x_i = (y_i - r_{i,i+1}\,x_{i+1})/r_{ii} \quad , \quad i=n-1,n-2,\ldots,1. \qquad (1.26d)$$

1.3 Relaxationsrechnung

1.3.1 Lösung eines symmetrisch-definiten Gleichungssystems als Minimumproblem

Gesucht ist die Lösung des symmetrisch-definiten Gleichungssystems

$$\underline{A}\,\underline{x} + \underline{b} = \underline{0} \quad .$$

Setzt man an Stelle des Lösungsvektors $\underline{x}$ den Versuchsvektor $\underline{v}$ in die Gleichung ein, so erhält man den Residuenvektor $\underline{r}=\underline{A}\underline{v}+\underline{b}$. Ziel der Relaxation ist es, $\underline{v}$ systematisch so zu ändern, daß $\underline{v}$ gegen $\underline{x}$ und $\underline{r}$ gegen Null konvergieren.

Betrachtet man die quadratische Funktion

$$F(\underline{v}) = \frac{1}{2}\, \underline{v}^T\, \underline{A}\, \underline{v} + \underline{v}^T\, \underline{b} \tag{1.27}$$

und bildet die erste Ableitung nach den Komponenten v_i

$$\frac{\partial F}{\partial v_i} = \frac{1}{2} \left[\frac{\partial \underline{v}^T}{\partial v_i}\, \underline{A}\, \underline{v} + \underline{v}^T\, \underline{A}\, \frac{\partial \underline{v}}{\partial v_i} \right] + \frac{\partial \underline{v}^T}{\partial v_i}\, \underline{b} \quad ,$$

$$\frac{\partial \underline{v}}{\partial v_i} = \begin{matrix} 1 \\ \\ i \\ n \end{matrix} \begin{bmatrix} \\ \\ 1 \\ \\ \end{bmatrix} = \underline{e}_i \quad , \quad \underline{e}_i^T\, \underline{A}\, \underline{v} = \underline{v}^T\, \underline{A}^T\, \underline{e}_i = \underline{v}^T\, \underline{A}\, \underline{e}_i \ ,$$

$$\frac{\partial F}{\partial v_i} = \underline{e}_i^T\, \underline{A}\, \underline{v} + \underline{e}_i^T\, \underline{b} \quad , \tag{1.28}$$

so ergibt sich zusammenfassend für alle Komponenten

$$\frac{\partial F}{\partial \underline{v}} = \underline{A}\, \underline{v} + \underline{b} = \underline{r} \quad \text{oder} \quad \underline{r} = \text{grad } F \quad . \tag{1.29}$$

Daraus läßt sich entnehmen, daß die Auflösung eines symmetrischen Gleichungssystems gleichbedeutend ist mit der Aufgabe, das Minimum der quadratischen Funktion $F(\underline{v})$ zu bestimmen, da für $\partial F/\partial \underline{v} = 0$ ein Minimum von F vorliegt und für $\underline{r}=\underline{0}$ $\underline{v}=\underline{x}$ ist.

Für das zweidimensionale Problem ist eine geometrische Interpretation möglich (Bild 1.1). Die Kurven $F(v_1,v_2) =$ const. sind im kartesischen Koordinatensystem konzentrische Ellipsen, deren gemeinsamer Mittelpunkt mit dem Minimum von F zusammenfällt. Die Koordinaten des Mittelpunktes stellen somit die Lösung des zugehörigen Gleichungssystems dar.

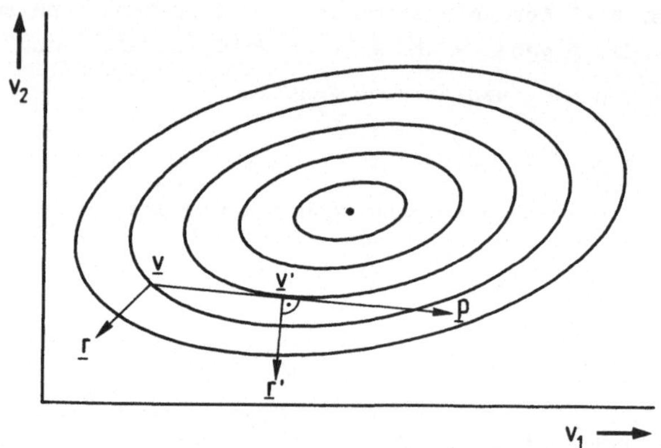

Bild 1.1 Grundprinzip der Relaxation

1.3.2 Grundprinzip der Relaxation

Geht man von einem Anfangsvektor $\underline{v}$ aus, so erhält man einen neuen Vektor

$$\underline{v}' = \underline{v} + \alpha\,\underline{p} \quad , \tag{1.30}$$

indem man in Richtung von $\underline{p}$ fortschreitet (Bild 1.1). Der Skalar α gibt die "Schrittweite" an. Das Ziel ist die Verkleinerung der quadratischen Funktion $F(\underline{v})$. Da $\underline{v}$ und $\underline{p}$ gegebene Größen sind, ist F eine Funktion von α

$$F(\underline{v}') = F(\underline{v} + \alpha\,\underline{p}) = \frac{1}{2}(\underline{v} + \alpha\,\underline{p})^T\,\underline{A}\,(\underline{v} + \alpha\,\underline{p}) + (\underline{v} + \alpha\,\underline{p})^T\underline{b}$$

$$F(\alpha) = \frac{1}{2}\,\alpha^2\,\underline{p}^T\,\underline{A}\,\underline{p} + \alpha\,\underline{p}^T\,\underline{r} + F(\underline{v}) \quad , \tag{1.31}$$

deren Minimum bestimmt wird. Die Differentation von F nach α

$$\frac{\partial F}{\partial \alpha} = \alpha\,\underline{p}^T\,\underline{A}\,\underline{p} + \underline{p}^T\,\underline{r} = 0 \tag{1.32}$$

ergibt die Schrittweite

$$\alpha_{min} = - \frac{\underline{p}^T \underline{r}}{\underline{p}^T \underline{A} \underline{p}} \quad , \tag{1.33}$$

für die, ausgehend von $\underline{v}$ in Richtung von $\underline{p}$, F minimal wird. Die zweite Ableitung von F

$$\frac{\partial^2 F}{\partial \alpha^2} = \underline{p}^T \underline{A} \underline{p} = Q > 0 \tag{1.34}$$

ist stets größer Null, da $\underline{A}$ positiv definit vorausgesetzt wird. Ist

$$\underline{v}' = \underline{v} + \alpha_{min} \underline{p}$$

der neue Versuchsvektor, so ist die größtmögliche Verkleinerung von F in Richtung $\underline{p}$

$$\Delta F = F(v') - F(v) = \frac{1}{2} \alpha_{min}^2 \underline{p}^T \underline{A} \underline{p} + \alpha_{min} \underline{p}^T \underline{r}$$

$$= \frac{1}{2} \left(\frac{\underline{p}^T \underline{r}}{\underline{p}^T \underline{A} \underline{p}} \right)^2 \underline{p}^T \underline{A} \underline{p} - \frac{\underline{p}^T \underline{r}}{\underline{p}^T \underline{A} \underline{r}} \underline{p}^T \underline{r}$$

$$= - \frac{1}{2} \frac{(\underline{p}^T \underline{r})^2}{\underline{p}^T \underline{A} \underline{p}} \quad . \tag{1.35}$$

$\underline{p}$ darf nicht orthogonal zu $\underline{r}$ sein, da dann $\underline{p}^T\underline{r}=0$ und damit nach Gl. (1.33) $\alpha_{min}=0$ ist. Im Minimalpunkt $\underline{v}'$ mit $\alpha=\alpha_{min}$ steht der neue Residuenvektor

$$\underline{r}' = \underline{A} \underline{v}' + \underline{b}$$

orthogonal zur Relaxationsrichtung $\underline{p}$, denn mit Gl. (1.33) ist

$$\underline{r}' = \underline{A} \underline{v}' + \underline{b} = \underline{A} (\underline{v} + \alpha_{min} \underline{p}) + \underline{b} = \underline{r} + \alpha_{min} \underline{A} \underline{p}$$

$$= \underline{r} - \frac{\underline{p}^T \underline{r}}{\underline{p}^T \underline{A} \underline{p}} \underline{A} \underline{p} \quad .$$

Wird diese Gleichung von links mit $\underline{p}^T$ multipliziert, erhält man

$$\underline{p}^T \underline{r}' = \underline{p}^T \underline{r} - \underline{p}^T \frac{\underline{p}^T \underline{r}}{\underline{p}^T \underline{A} \underline{p}} \underline{A} \underline{p} = \underline{p}^T \underline{r} - \underline{p}^T \underline{r} = 0 \quad ,$$

also ist $\underline{p}$ orthogonal zu $\underline{r}'$.

1.3.3 Einzelschrittverfahren (G a u ß - S e i d e l)

Bei der iterativen Lösung von Gleichungssystemen mit Hilfe von Digitalrechnern durchläuft die Relaxationsrichtung $\underline{p}$ zyklisch die Koordinatenrichtungen $\underline{e}_1, \underline{e}_2, \ldots, \underline{e}_n$. Ist zum Beispiel

$$\underline{p} = \underline{e}_j$$

mit

$$\underline{e}_j^T = [\, 0, 0, \ldots, 1, \ldots, 0 \,] \quad ,$$

so erhält man als Schrittweite (Gl.(1.33)) in dieser Richtung

$$\alpha_{min} = - \frac{\underline{e}_j^T \underline{r}}{\underline{e}_j^T \underline{A} \underline{e}_j} = - \frac{r_j}{a_{jj}} \quad . \tag{1.36}$$

Die Komponente v_j des Versuchsvektors $\underline{v}$ geht damit über in

$$v_j' = v_j - \frac{r_j}{a_{jj}} \quad . \tag{1.37a}$$

Durch Ausklammern von a_{jj}

$$v_j' = (a_{jj} \, v_j - r_j)/a_{jj} \tag{1.37b}$$

und Einsetzen des Residuums der Zeile j

$$r_j = b_j + \sum_{l=1}^{n} a_{jl} \, v_l \quad , \quad a_{jl} = a_{lj} \tag{1.38}$$

erhält man eine Berechnungsvorschrift, die das Residuum explizit nicht mehr enthält

$$v_j = -(b_j + \sum_{\substack{l=1 \\ l \neq j}}^{n} a_{jl} v_l)/a_{jj} \quad . \qquad (1.39)$$

Ausgehend von einem Versuchsvektor $\underline{v}^{(0)}$ werden die Komponenten der Näherungen $\underline{v}^{(1)}, \underline{v}^{(2)}, \ldots, \underline{v}^{(m)}$ zyklisch berechnet. So erhält man die Komponenten von $\underline{v}^{(m+1)}$ aus folgendem Gleichungssystem

$$\begin{aligned}
&a_{11}\underline{v_1^{(m+1)}} + a_{12}v_2^{(m)} + a_{13}v_3^{(m)} + \ldots + a_{1n}v_n^{(m)} + b_1 = 0 \\
&a_{21}v_1^{(m+1)} + a_{22}\underline{v_2^{(m+1)}} + a_{23}v_3^{(m)} + \ldots + a_{2n}v_n^{(m)} + b_2 = 0 \\
&\cdot \quad \cdot \quad \cdot \quad \cdot \quad \cdot \quad \cdot \quad \cdot \quad \cdot \quad \cdot \quad \cdot \quad \cdot \quad \cdot \quad \cdot \quad \cdot \quad \cdot \quad \cdot \quad \cdot \quad \cdot \\
&a_{n1}v_1^{(m+1)} + a_{n2}v_2^{(m+1)} + a_{n3}v_3^{(m+1)} + \ldots + a_{nn}\underline{v_n^{(m+1)}} + b_n = 0 \, .
\end{aligned} \qquad (1.40)$$

Das unterstrichene Element in einer Zeile wird jeweils aus dieser Zeile berechnet, dabei sind die links davon stehenden Produkte aus dem laufenden Zyklus m+1, die rechts davon stehenden aus dem vorhergehenden Zyklus m bekannt (Beispiel 4).

Zerlegt man die Matrix $\underline{A}$ in die Summe von drei Matrizen

$$\underline{A} = \underline{L} + \underline{D} + \underline{U} \qquad (1.41)$$

mit

$$\underline{L} = \begin{bmatrix} 0 & & & & & \\ a_{21} & 0 & & & & \\ a_{31} & a_{32} & 0 & & & \\ a_{41} & a_{42} & a_{43} & 0 & & \\ \cdot & \cdot & \cdot & & & \\ a_{n1} & a_{n2} & a_{n3} & \cdot & \cdot & 0 \end{bmatrix} \quad , \quad \underline{U} = \underline{L}^T, \quad .$$

$$\underline{D} = \begin{bmatrix} a_{11} & & & & & \\ & a_{22} & & & & \\ & & a_{33} & & & \\ & & & \cdot & & \\ & & & & \cdot & \\ & & & & & a_{nn} \end{bmatrix} ,$$

dann geht das Gleichungssystem (1.40) über in

$$(\underline{D} + \underline{L})\ \underline{v}^{(m+1)} + \underline{U}\ \underline{v}^{(m)} + \underline{b} = \underline{O} \quad . \qquad (1.42)$$

Da $(\underline{D}+\underline{L})$ eine reguläre Linksmatrix darstellt, kann diese Gleichung auch durch die Iterationsvorschrift

$$\underline{v}^{(m+1)} = - (\underline{D} + \underline{L})^{-1}\ \underline{U}\ \underline{v}^{(m)} - (\underline{D} + \underline{L})^{-1}\ \underline{b} \qquad (1.43)$$

ausgedrückt werden. In der Matrizenschreibweise lautet die Gl. (1.37a)

$$\underline{v}^{(m+1)} = \underline{v}^{(m)} - \underline{D}^{-1}\ \underline{r}^{(m)} \qquad (1.43a)$$

mit

$$\underline{r}^{(m)} = \underline{L}\ \underline{v}^{(m+1)} + \underline{D}\ \underline{v}^{(m)} + \underline{U}\ \underline{v}^{(m)} + \underline{b} \quad . \qquad (1.44)$$

1.3.4. Ganzschrittverfahren

Wird der Residuenvektor $\underline{r}^{(m)}$ Gl. (1.44) in der Form

$$\underline{r}^{(m)} = \underline{L}\ \underline{v}^{(m)} + \underline{D}\ \underline{v}^{(m)} + \underline{U}\ \underline{v}^{(m)} + \underline{b} \qquad (1.44a)$$

gebildet, so lautet Gl. (1.42)

$$\underline{D}\ \underline{v}^{(m+1)} + \underline{L}\ \underline{v}^{(m)} + \underline{U}\ \underline{v}^{(m)} + \underline{b} = \underline{O} \qquad (1.42a)$$

und die Iterationsvorschrift Gl. (1.43)

$$\underline{v}^{(m+1)} = - \underline{D}^{-1}\ (\underline{L} + \underline{U})\ \underline{v}^{(m)} - \underline{D}^{-1}\ \underline{b} \quad . \qquad (1.43b)$$

Der Unterschied gegenüber dem Einzelschrittverfahren besteht darin, daß in einem Zyklus die "alten" Komponenten beibehalten und nicht in jeder Zeile die "neuen" Werte verarbeitet werden (Beispiel 4). Da die Konvergenz dieses Verfahrens wesentlich schlechter ist, hat es nur eine theoretische Bedeutung.

1.3.5 Konvergenz eines Iterationsverfahrens

In der allgemeinen Iterationsvorschrift

$$\underline{v}^{(m+1)} = \underline{M}\,\underline{v}^{(m)} + \underline{c} \tag{1.45}$$

ist $\underline{M}$ die Iterationsmatrix und $\underline{c}$ ein konstanter Vektor. Die Iterationsmatrix $\underline{M}$ und der Vektor $\underline{c}$ sind beispielsweise für das Einzelschrittverfahren nach Gl. (1.43) gegeben durch

$$\underline{M} = -\,(\underline{D} + \underline{L})^{-1}\,\underline{U} \quad , \qquad \underline{c} = -\,(\underline{D} + \underline{L})^{-1}\,\underline{b} \quad .$$

Die Differenz zwischen der exakten Lösung $\underline{x}$ und einer Näherung $\underline{v}^{(m)}$

$$\underline{f}^{(m)} = \underline{x} - \underline{v}^{(m)} \tag{1.46}$$

wird Fehlervektor genannt. Für die Lösung $\underline{x}$ geht Gl. (1.45) über in $\underline{x}=\underline{M}\underline{x}+\underline{c}$. Als Rekursionsformel für den Fehlervektor erhält man damit und mit Gl. (1.46)

$$\begin{aligned} \underline{f}^{(m+1)} &= \underline{x} - \underline{v}^{(m+1)} \\ &= \underline{x} - \underline{M}\,\underline{v}^{(m)} - \underline{c} \\ &= \underline{M}\,\underline{x} + \underline{c} - \underline{M}\,\underline{v}^{(m)} - \underline{c} \\ \underline{f}^{(m+1)} &= \underline{M}\,(\underline{x} - \underline{v}^{(m)}) \end{aligned}$$

$$\underline{f}^{(m+1)} = \underline{M}\,\underline{f}^{(m)} \quad . \tag{1.47}$$

Ausgehend von $f^{(0)}$ folgt daraus

$$\underline{f}^{(m)} = \underline{M}^{m}\,\underline{f}^{(0)} \quad . \tag{1.47a}$$

Die Iterationsmatrix bestimmt deshalb die Konvergenz und im Konvergenzfall die Zahl der Iterationsschritte, die zur Erreichung einer vorgegebenen Genauigkeit der Näherung $\underline{v}^{(m)}$

notwendig ist.

Nimmt man an, daß die weder symmetrische noch positiv definite Matrix $\underline{M}$ n unabhängige Eigenvektoren $\underline{x}_1, \underline{x}_2, \ldots, \underline{x}_n$ mit den zugehörigen Eigenwerten $\lambda_1, \lambda_2, \ldots, \lambda_n$ besitzt, so läßt sich der Fehlervektor $\underline{f}^{(0)}$ als eine Linearkombination der Eigenvektoren darstellen

$$\underline{f}^{(0)} = \sum_{i=1}^{n} c_i \, \underline{x}_i \quad , \qquad (1.48)$$

wobei die Größe der Entwicklungskoeffizienten c_i hier nicht zu interessieren braucht. Mit der für die Eigenwerte und Eigenvektoren bestehenden Beziehung

$$\underline{M} \, \underline{x}_i = \lambda_i \, \underline{x}_i$$

folgt aus Gl. (1.47a) und Gl. (1.48)

$$\underline{f}^{(m)} = \sum_{i=1}^{n} c_i \, \lambda_i^m \, \underline{x}_i \qquad m=1,2,\ldots \quad . \qquad (1.49)$$

Sind die Beträge der Eigenwerte $|\lambda_i|<1$, so konvergiert $\underline{f}^{(m)}$ für $m\to\infty$ gegen Null für jeden beliebigen Ausgangsvektor $\underline{f}^{(0)}$. Der betragsgrößte oder dominante Eigenwert λ_1 der Matrix $\underline{M}$ bestimmt die Konvergenzgeschwindigkeit.

Der Wert $\rho(M)=\max|\lambda_i|$ als Betrag des dominanten Eigenwertes der Matrix $\underline{M}$ heißt <u>Spektralradius</u> von $\underline{M}$, der Logarithmus von $\rho(\underline{M})$

$$R(\underline{M}) = -\log_{10} \rho(\underline{M}) \qquad (1.50)$$

die <u>Konvergenzziffer</u>.

Für hinreichend großes m und k>0 gilt aufgrund von Gl. (1.49) für die Norm des Fehlervektors näherungsweise

$$\|\underline{f}^{(m+k)}\| \sim [\rho(\underline{M})]^k \, \|\underline{f}^{(m)}\| \quad . \qquad (1.51)$$

Der Fehlervektor zeigt asymptotische Konvergenz gegen den

Nullvektor wie eine geometrische Folge mit dem Quotienten $\rho(\underline{M})$. Mit Hilfe dieser Beziehung kann die Zahl der Iterationsschritte k berechnet werden, die erforderlich sind, damit der Fehler um eine Zehnerpotenz kleiner wird (Beispiel 5). Aus Gl. (1.51) folgt

$$k \sim -\frac{1}{\log_{10} \rho(\underline{M})} = \frac{1}{R(\underline{M})} \quad . \qquad (1.52)$$

Wie sich zeigen läßt, konvergiert das Einzelschrittverfahren für ein symmetrisch-definites Gleichungssystem immer, jedoch für eine größere Zahl von Gleichungen im allgemeinen schlecht, da der dominante Eigenwert der Iterationsmatrix $\underline{M}$ nahe bei Eins liegt.

Leider ist die Berechnung der Eigenwerte mit einem Aufwand verbunden, der mit der Lösung des Gleichungssystems zu vergleichen ist. Der verständliche Wunsch, sich vor Ausführung einer Iterationsrechnung über die zu erwartende Konvergenz zu informieren, läßt sich daher nur in Sonderfällen erfüllen. In Abschnitt 1.3.8 wird gezeigt, daß sich der größte Eigenwert aus dem Iterationsablauf näherungsweise berechnen läßt.

1.3.6 Methode der Überrelaxation

Aus dem Grundprinzip der Relaxation Abschnitt 1.3.2 ergibt sich eine Schrittweite α_{min}, die die quadratische Funktion $F(\underline{v})$ beim Fortschreiten in eine bestimmte Richtung $\underline{p}$ zum Minimum macht. Beim Einzelschritt-(Gauß-Seidel-)Verfahren nimmt $\underline{p}$ die Koordinatenrichtungen an. Es zeigt sich, daß die Zahl der Iterationsschritte vermindert werden kann, wenn man die Schrittweite um einen Faktor $1 \leq \omega \leq 2$ vergrößert, d.h. die Schrittweite den Wert

$$\alpha = \omega \, \alpha_{min}$$

annimmt. Entsprechend Gl. (1.36) wird in der allgemeinen

Iterationsvorschrift Gl. (1.43a) das Residuum $\underline{r}^{(m)}$ mit dem Überrelaxationsfaktor ω multipliziert, so daß mit $\underline{r}^{(m)}$ nach Gl. (1.44) die Iterationsgleichung lautet

$$\underline{v}^{(m+1)} = \underline{v}^{(m)} - \underline{D}^{-1}\omega\left[\,\underline{L}\,\underline{v}^{(m+1)} + \underline{D}\,\underline{v}^{(m)} + \underline{U}\,\underline{v}^{(m)} + \underline{b}\right]$$

und aufgelöst nach $\underline{v}^{(m+1)}$

$$\underline{v}^{(m+1)} = -\,(\underline{L} + \omega^{-1}\,\underline{D})^{-1}\left[\underline{U} + (1 - \omega^{-1})\underline{D}\right]\underline{v}^{(m)} - (\underline{L} + \omega^{-1}\,\underline{D})^{-1}\,\underline{b} \quad . \tag{1.53}$$

In dieser Iterationsgleichung ist die Iterationsmatrix

$$\underline{M}(\omega) = -\,(\underline{L} + \omega^{-1}\,\underline{D})^{-1}\left[\underline{U} + (1 - \omega^{-1})\underline{D}\right] \tag{1.54}$$

enthalten. Die Koeffizienten der Matrix $\underline{M}(\omega)$ und damit auch ihr größter Eigenwert sind eine Funktion von ω, so daß ein optimaler Überrelaxationsfaktor existiert, der den Spektralradius $\rho(\underline{M}(\omega))$ zum Minimum macht.

1.3.7 Der optimale Überrelaxationsfaktor

Der optimale Überrelaxationsfaktor läßt sich für eine Matrix $\underline{A}$ mit spezieller Struktur berechnen. Der Beweis und die Darstellung der Zusammenhänge sollen hier nur soweit erfolgen, wie es zum Verständnis der im folgenden Abschnitt dargestellten iterativen Methode zur Bestimmung des Überrelaxationsfaktors und der Blockrelaxation erforderlich ist.

Eine Matrix $\underline{A}$ heißt <u>blockweise tridiagonal</u>, falls sie folgende Struktur hat

$$\underline{A} = \begin{bmatrix} \underline{D}_1 & \underline{U}_1 & & & & \\ \underline{L}_1 & \underline{D}_2 & \underline{U}_2 & & & \\ & \underline{L}_2 & \underline{D}_3 & \underline{U}_3 & & \\ & & \cdot & \cdot & \cdot & \\ & & & \underline{L}_{n-2} & \underline{D}_{n-1} & \underline{U}_{n-1} \\ & & & & \underline{L}_{n-1} & \underline{D}_n \end{bmatrix} \tag{1.55}$$

$\underline{D}_i$ sind quadratische Matrizen von im allgemeinen unterschiedlicher Ordnung, während die unter- und oberhalb liegenden Matrizen $\underline{L}_k$ (lower) und $\underline{U}_k$ (upper) rechteckige oder quadratische Matrizen sind. Außerhalb des Bandes von Untermatrizen sind alle Elemente von $\underline{A}$ gleich Null. Sind die Untermatrizen $\underline{D}_i$ selbst Diagonalmatrizen, heißt $\underline{A}$ diagonal blockweise tridiagonal. Als Sonderfall erfüllen tridiagonale Matrizen diese Bedingung.

Über den optimalen Relaxationsfaktor einer solchen Matrix $\underline{A}$ läßt sich folgende Aussage machen: Der optimale Überrelaxationsfaktor ω_{opt} für ein symmetrisch definites Gleichungssystem, dessen Koeffizientenmatrix $\underline{A}$ diagonal blockweise tridiagonal ist, läßt sich berechnen aus

$$\omega_{opt} = \frac{2}{1 + \sqrt{1 - \lambda_1^2}} \quad . \tag{1.56}$$

In dieser Gleichung ist λ_1 der größte Eigenwert der Matrix

$$-\underline{D}^{-1}(\underline{L} + \underline{U}) \quad , \tag{1.57}$$

wenn für $\underline{A}$ die bekannte Zerlegung

$$\underline{A} = \underline{L} + \underline{D} + \underline{U}$$

gilt. Die Matrix Gl. (1.57) ist, wie ein Vergleich mit Gl. (1.43b) zeigt, die Iterationsmatrix des Ganzschrittverfahrens. Alle Eigenwerte λ_i dieser Matrix sind reell.

Wie einer ausführlichen Darstellung in [1] zu entnehmen ist, besteht zwischen den Eigenwerten λ_i und den Eigenwerten der Matrix $\underline{M}(\omega)$ (Gl. (1.54)), die mit μ_i bezeichnet werden sollen, der Zusammenhang

$$\frac{(\mu_i + \omega - 1)^2}{\mu_i} = \omega^2 \lambda_i^2 \quad . \tag{1.58}$$

Der Spektralradius der Matrix $\underline{M}(\omega)$ ist gleich dem dominanten Eigenwert dieser Matrix

$$\rho(\underline{M}(\omega)) \equiv \mu_1 \quad . \tag{1.59}$$

Für den Sonderfall $\omega=1$ folgt aus Gl. (1.58)

$$\mu_i = \lambda_i^2 \quad , \tag{1.60}$$

so daß für den Fall des Einzelschrittverfahrens (keine Überrelaxation, $\omega=1$) der Konvergenzradius gleich dem Quadrat des dominanten Eigenwertes der Ganzschritt- Iterationsmatrix ist

$$\rho(\underline{M}(1)) \equiv \mu_1 = \lambda_1^2 \quad , \tag{1.61}$$

wenn $\underline{A}$ diagonal blockweise tridiagonal ist.

Die Gl. (1.58) kann in die quadratische Gleichung

$$\mu_i^2 + \left[2(\omega-1) - \omega^2 \lambda_i^2\right]\mu_i + (\omega-1)^2 = 0 \tag{1.62}$$

umgeformt werden. Wie aus Bild 1.2 zu entnehmen ist,

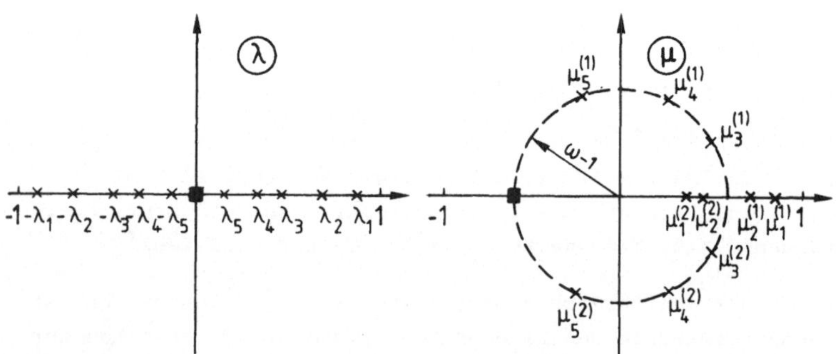

Bild 1.2 Abbildung der komplexen Ebene λ in die Ebene μ, $\omega>1$

gehören zu jedem reellen Eigenwert λ_i zwei Eigenwerte $\mu_i^{(1)}$ und $\mu_i^{(2)}$. Das Produkt dieser Werte ist immer reell, da

$$\mu_i^{(1)} \mu_i^{(2)} = (\omega - 1)^2 \quad .$$

Die konjugiert komplexen Werte μ_i liegen auf einem Kreis vom Radius $\omega-1$. Ist das Lösungspaar $\mu_i^{(1)}, \mu_i^{(2)}$ reell, liegen diese beiden Eigenwerte invers zu diesem Kreis. Der Spektralradius $\rho(\underline{M}(\omega))$ ist durch den Eigenwert $\mu_1^{(1)}$ bestimmt, der dem größten Eigenwertpaar $\pm\lambda_1$ entspricht. ρ nimmt mit wachsendem $\omega>1$ monoton ab, bis zu dem kritischen Wert von ω (Bild 1.3), für welchen die Eigenwerte $\mu_1^{(1)}$ und $\mu_1^{(2)}$ gleich sind, gemeinsam auf dem Kreis liegen und den Wert $\omega-1$ haben.

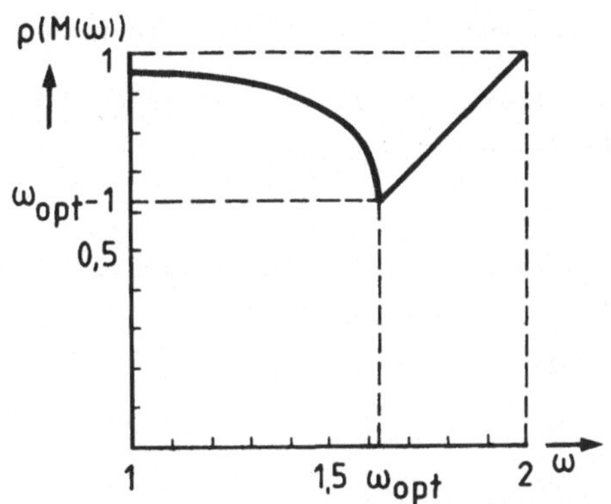

Bild 1.3 Spektralradius der Matrix $\underline{M}(\omega)$

Für diesen Wert von ω verschwindet die Diskriminante der quadratischen Gleichung (1.62)

$$\left[2(\omega - 1) - \omega^2 \lambda_1^2\right]^2 - 4(\omega - 1)^2 = 0 \quad . \tag{1.63}$$

Unter der Einschränkung $0<\omega<2$ folgt daraus

$$\omega_{krit} = \frac{2}{1 + \sqrt{1 - \lambda_1^2}} \quad . \tag{1.64}$$

Der Spektralradius $\rho(\underline{M}(\omega))$ wird für $\omega_{opt}=\omega_{krit}$ im Intervall $0<\omega<2$ minimal und hat den Wert

$$\rho(\underline{M}(\omega_{opt})) = \omega_{opt} - 1 \quad . \tag{1.65}$$

Bei Annäherung von unten gegen ω_{opt} weist $\rho(\underline{M}(\omega))$ eine vertikale Tangente auf, während ρ für $\omega > \omega_{opt}$ linear gegen Eins ansteigt. In diesem Bereich sind alle Eigenwerte komplex.

1.3.8 Iterative Bestimmung des optimalen Überrelaxationsfaktors

Bei großen Gleichungssystemen wird die Berechnung des größten Eigenwertes λ_1 sehr aufwendig. Allerdings läßt sich λ_1 näherungsweise im Verlauf des Iterationsverfahrens berechnen.

Beginnt man die Iteration mit $\omega=1$, so zeigt der Fehlervektor (Abschnitt 1.3.5)

$$\underline{f}^{(k)} = \underline{x} - \underline{v}^{(k)}$$

asymptotische Konvergenz gegen den Nullvektor wie eine geometrische Folge mit dem Quotienten

$$\rho(\underline{M}(1)) = \lambda_1^2 \quad ,$$

daher gilt

$$\underline{f}^{(k+1)} \sim \lambda_1^2 \, \underline{f}^{(k)} \quad . \qquad (1.66)$$

Für den Residuenvektor folgt daraus

$$\underline{r}^{(k)} = \underline{A}\,\underline{v}^{(k)} + \underline{b} \quad , \qquad \underline{b} = - \underline{A}\,\underline{x}$$

$$= \underline{A}\,(\underline{v}^{(k)} - \underline{x}) = - \underline{A}\,\underline{f}^{(k)} \quad .$$

Das Verhältnis der Normen zweier aufeinander folgender Residuen konvergiert wegen Gl. (1.66) gegen λ_1^2

$$q_k = \frac{\|\underline{r}^{(k+1)}\|}{\|\underline{r}^{(k)}\|} \sim \lambda_1^2 \quad , \qquad (1.67)$$

so daß ein Näherungswert zur Berechnung des optimalen Überrelaxationsfaktors nach Gl. (1.56) zur Verfügung steht.

Beginnt die Iteration mit einem Relaxationsfaktor $1<\omega<\omega_{opt}$, so konvergieren die Residuen gegen den Spektralradius der Matrix $\underline{M}(\omega)$

$$\rho(\underline{M}(\omega)) = \mu_1^{(1)} \quad .$$

Aus Gl. (1.58) läßt sich dann zunächst λ_1^2 und damit ω_{opt} berechnen.

Wenn die Iteration mit einem Wert $\omega>\omega_{opt}$ begonnen wird oder sich ein solcher Näherungswert ergibt, konvergiert der Quotient q_k Gl. (1.67) nicht gegen einen Grenzwert, da $\underline{M}(\omega)$ dann lauter komplexe Eigenwerte hat (Abschnitt 1.3.7); es können "Schwingungen" auftreten.

Da im eigentlichen Iterationsprozeß die Residuen nicht benötigt werden, bedeutet ihre Berechnung einen zusätzlichen Rechenaufwand. Aus der Iterationsvorschrift Gl. (1.43a) läßt sich entnehmen, daß das Residuum proportional dem Differenzvektor

$$\underline{y}^{(k)} = \underline{v}^{(k)} - \underline{v}^{(k-1)} \tag{1.68}$$

ist, so daß die <u>Konvergenzrate</u>

$$\eta = \frac{\left\| \underline{y}^{(k)} \right\|}{\left\| \underline{y}^{(k-1)} \right\|} \tag{1.69}$$

gegen den Spektralradius konvergiert. Die Differenzvektoren $\underline{y}^{(k)}$ lassen sich im Rechnungsablauf leicht bestimmen, so daß der zusätzliche Rechenaufwand zu vernachlässigen ist.

1.3.9 Gradientenmethoden

Nach dem im Abschnitt 1.3.2 dargestellten Grundprinzip der Relaxation ist die Wahl der Richtungsvektoren $\underline{p}$ völlig frei. $\underline{p}$ darf nur nicht orthogonal zum Residuenvektor $\underline{r}$ des Versuchsvektors $\underline{v}$ gewählt werden. Da der Residuenvektor $\underline{r}$ als grad $F(\underline{v})$ in die Richtung der stärksten Zunahme weist, liegt es nahe, $\underline{r}$ zur Bestimmung von $\underline{p}$ heranzuziehen.

Die Gradientenverfahren werden nicht zur Lösung großer Gleichungssysteme eingesetzt, sie spielen aber bei der Nichtlinearen Programmierung (Abschnitt 3) eine wesentliche Rolle, deshalb sollen an dieser Stelle die grundsätzlichen Gedankengänge erläutert werden.

1.3.9.1 Methode des stärksten Abstiegs

Der Richtungsvektor $\underline{p}$ wird entgegengesetzt zum Residuenvektor $\underline{r}$ gewählt

$$\underline{p}^{(k)} = - \underline{r}^{(k-1)} \quad , \quad k=1,2,\ldots \quad .$$

Geht man bis zum Minimalpunkt, so ist

$$\alpha_{min} = \frac{\underline{r}^{(k-1)T}\ \underline{r}^{(k-1)}}{\underline{r}^{(k-1)T}\ \underline{A}\ \underline{r}^{(k-1)}} \quad .$$

Allgemein kann man schreiben

$$\underline{v}^{(k)} = \underline{v}^{(k-1)} + \alpha_k\ \underline{p}^{(k)} \tag{1.70}$$

$$\alpha_k = \frac{\left\| \underline{r}^{(k-1)} \right\|^2}{\underline{r}^{(k-1)T}\ \underline{A}\ \underline{r}^{(k-1)}} \quad , \quad \underline{p}^{(k)} = - \underline{r}^{(k-1)} \quad . \tag{1.71}$$

Nach Durchführung eines Relaxationsschrittes ist der neue Residuenvektor $\underline{r}^{(k)}$ orthogonal zum vorhergehenden $\underline{r}^{(k-1)}$, man schreitet also in aufeinander orthogonal stehenden Richtungen fort. Die Konvergenz dieses Verfahrens ist weitgehend abhängig vom Problem und vom Anfangspunkt (Beispiel 6) und nicht so gut, wie sich zunächst aus der Anschauung vermuten läßt.

1.3.9.2 Methode der konjugierten Gradienten

Zwei Vektoren werden zueinander $\underline{A}$-konjugiert genannt, wenn sie die Bedingung

$$\underline{y}^T \underline{A}\, \underline{x} = 0 \tag{1.72}$$

erfüllen.

Im ersten Iterationsschritt des hier zu beschreibenden Verfahrens wird, ausgehend vom Versuchsvektor $\underline{v}^{(0)}$, mit Hilfe des Gradienten der neue Vektor $\underline{v}^{(1)}$ bestimmt

$$\underline{v}^{(1)} = \underline{v}^{(0)} + \alpha_1\, \underline{p}^{(1)} \quad ,$$

$$\alpha_1 = \frac{\|\underline{r}^{(0)}\|^2}{\underline{r}^{(0)T}\, \underline{A}\, \underline{r}^{(0)}} \quad , \qquad \underline{p}^{(1)} = -\, \underline{r}^{(0)} \quad . \tag{1.73}$$

Im zweiten Schritt wird ein Richtungsvektor $\underline{p}^{(2)}$ als Linearkombination von $\underline{p}^{(1)}$ und $\underline{r}^{(1)}$ derart festgelegt, daß $\underline{p}^{(2)}$ und $\underline{p}^{(1)}$ zueinander konjugiert sind, also Gl. (1.72) erfüllen

$$\underline{p}^{(2)} = -\, \underline{r}^{(1)} + \beta_1\, \underline{p}^{(1)} \quad . \tag{1.74}$$

β_1 folgt aus der Bedingung

$$\underline{p}^{(2)T}\, \underline{A}\, \underline{p}^{(1)} = 0$$

zu

$$\beta_1 = \frac{\underline{r}^{(1)T}\, \underline{A}\, \underline{p}^{(1)}}{\underline{p}^{(1)T}\, \underline{A}\, \underline{p}^{(1)}} \quad . \tag{1.75}$$

Der neue Versuchsvektor $\underline{v}^{(2)}$ wird ausgehend von $\underline{v}^{(1)}$ in Richtung von $\underline{p}^{(2)}$ mit der Schrittweite $\alpha_2 = \alpha_{min}$ berechnet

$$\underline{v}^{(2)} = \underline{v}^{(1)} + \alpha_2\, \underline{p}^{(2)} \quad ,$$

$$\alpha_2 = -\, \frac{\underline{p}^{(2)T}\, \underline{r}^{(1)}}{\underline{p}^{(2)T}\, \underline{A}\, \underline{p}^{(2)}} \quad . \tag{1.76}$$

Allgemein lautet die Rechenvorschrift der Schritte $k \geq 2$

$$\underline{p}^{(k)} = - \underline{r}^{(k-1)} + \beta_{k-1}\, \underline{p}^{(k-1)} \tag{1.77a}$$

$$\beta_{k-1} = \frac{\underline{r}^{(k-1)T}\, \underline{A}\, \underline{p}^{(k-1)}}{\underline{p}^{(k-1)T}\, \underline{A}\, \underline{p}^{(k-1)}} = \frac{\left\| \underline{r}^{(k-1)} \right\|^2}{\left\| \underline{r}^{(k-2)} \right\|^2} \tag{1.77b}$$

$$\underline{v}^{(k)} = \underline{v}^{(k-1)} + \alpha_k\, \underline{p}^{(k)} \tag{1.77c}$$

$$\alpha_k = - \frac{\underline{p}^{(k)T}\, \underline{r}^{(k-1)}}{\underline{p}^{(k)T}\, \underline{A}\, \underline{p}^{(k)}} = \frac{\left\| \underline{r}^{(k-1)} \right\|^2}{\underline{p}^{(k)T}\, \underline{A}\, \underline{p}^{(k)}} \tag{1.77d}$$

Für die Vektoren $\underline{p}^{(k)}$ und $\underline{r}^{(k)}$ lassen sich folgende Beziehungen feststellen

$$\begin{aligned} \underline{r}^{(i)T}\, \underline{r}^{(j)} &= 0 \quad i \neq j\,, & \underline{r}^{(k)T}\, \underline{p}^{(k-1)} &= 0 \\ \underline{p}^{(i)T}\, \underline{A}\, \underline{p}^{(j)} &= 0 \quad i \neq j\,, & \underline{r}^{(k)T}\, \underline{p}^{(k)} &= 0, \end{aligned} \tag{1.78}$$

die besagen:
Im Verfahren der konjugierten Gradienten bilden die Relaxationsrichtungen $\underline{p}^{(k)}$ (k=1,2,...) ein System von konjugierten Richtungen, die Residuenvektoren $\underline{r}^{(k)}$ miteinander sowie die $\underline{r}^{(k)}$ mit den $\underline{p}^{(k)}$ jeweils ein Orthogonalsystem.

Die Residuen gehören einem n-dimensionalen Vektorraum an. Das System der Residuenvektoren kann höchstens n von Null verschiedene Vektoren enthalten, so daß im Verlaufe der Iteration spätestens der (n+1)-te Vektor $\underline{r}^{(k)}$ verschwinden muß und $\underline{v}^{(n)}$ der Lösungsvektor $\underline{x}$ ist (Beispiel 6).

In Bild 1.4 ist der Rechnungsablauf für eine zweidimensionale Aufgabe anschaulich dargestellt. Ausgehend von $\underline{v}^{(0)}$ wird in Richtung von $\underline{p}^{(1)} = -\underline{r}^{(0)}$ der Vektor $\underline{v}^{(1)}$ bestimmt. Aus dem Residuum $\underline{r}^{(1)}$ und dem Vektor $\underline{p}^{(1)}$ wird der Richtungsvektor $\underline{p}^{(2)}$ als Linearkombination der beiden Vektoren in der x_1,x_2-Ebene festgelegt und der neue Punkt $\underline{v}^{(2)}$ berechnet. In diesem Punkt muß nun das dritte Residuum $\underline{r}^{(2)}$

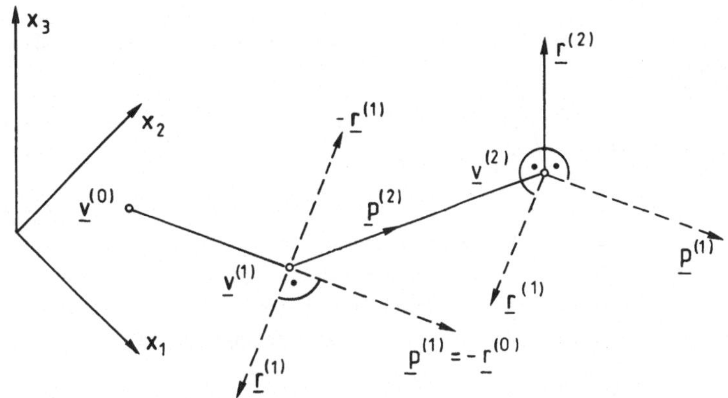

Bild 1.4 Konjugierte Gradienten

senkrecht zu den beiden anderen stehen, also in Richtung von x_3 zeigen. Im vorliegenden Falle der zweidimensionalen Aufgabe muß $\underline{r}^{(2)}$ daher bereits den Wert Null annehmen.

Da es sich auch hier um eine mit Fehlern behaftete numerische Lösung handelt, ergeben sich Abweichungen gegenüber der Theorie, da die Orthogonalität der Residuen nicht exakt eingehalten wird, und daher $\underline{r}^{(n)}$ im allgemeinen von Null verschieden ist. Man kann das Verfahren jedoch weiter fortführen, da im Sinne des Relaxationsprinzips eine fortlaufende Verkleinerung der quadratischen Funktion $F(\underline{v})$ erfolgt.

1.3.10 Kriterien zur Beendigung eines Iterationsverfahrens

Jedes Iterationsverfahren benötigt ein Kriterium zur Beurteilung der erreichten Qualität der Näherungslösung. Da die Lösung $\underline{x}$ nicht bekannt ist, können die Informationen nur aus dem Verlauf der Näherung $\underline{v}$ entnommen werden. Dabei bietet sich die Auswertung des Residuums

$$\underline{r} = \underline{A}\,\underline{x} + \underline{b}$$

an, das gegen Null konvergiert, wenn $\underline{v}$ gegen $\underline{x}$ strebt. Die euklidische Norm

$$K_1 \equiv \|r\| = \sqrt{\sum_{i=1}^{n} r_i^2} \qquad (1.79)$$

wird daher bei denjenigen Iterationsverfahren als Abbruchkriterium verwendet, bei denen das Residuum explizit auftritt. Wie in Abschnitt 1.3.8 gezeigt wurde, ist die Differenz zweier aufeinanderfolgender Lösungsvektoren Gl. (1.68) proportional zum Residuum, so daß auch die bezogene Größe

$$K_2 \equiv \frac{\|\underline{y}^{(k)}\|}{\|\underline{v}^{(k)}\|} \qquad (1.80)$$

Aufschluß über den Iterationsprozeß gibt. Wenn die Größen K_1 oder K_2 eine vorgegebene Schranke ε unterschreiten, wird die Rechnung abgebrochen. Die Größe von ε ist ein Maß für die angestrebte oder erreichbare Genauigkeit der Rechnung, sie gibt aber keine Auskunft über den Fehlervektor, d.h. die Differenz zwischen der Lösung $\underline{x}$ und der Näherung $\underline{v}$. Im Ablauf der Iteration sollte gewährleistet sein, daß K monoton fällt und keine "Schwingungen" auftreten.

1.4 Lineare Gleichungssysteme mit nichtkonstanten Koeffizienten

Sind in dem linearen Gleichungssystem

$$\underline{A}\,\underline{x} + \underline{b} = \underline{0}$$

die Elemente der Matrix $\underline{A}$ und die des Vektors $\underline{b}$ von dem Lösungsvektor abhängig

$$\underline{A} = \underline{A}(\underline{x}) \quad , \qquad \underline{b} = \underline{b}(\underline{x}) \quad ,$$

kann das Gleichungssystem nur iterativ durch sukzessive Korrektur der Elemente erfolgen. Bei Anwendung eines Eliminationsverfahrens werden nach der Lösung des Gleichungssystems

$$\underline{A}^{(k)}\ \underline{v}^{(k+1)} + \underline{b}^{(k)} = \underline{0} \tag{1.81}$$

mit der Matrix

$$\underline{A}^{(k)} = \underline{A}(\underline{v}^{(k)})$$

und dem Vektor

$$\underline{b}^{(k)} = \underline{b}(\underline{v}^{(k)})$$

anhand der neuen Lösung $\underline{v}^{(k+1)}$ die Elemente

$$a_{ij}^{(k+1)} = a_{ij}(\underline{v}^{(k+1)})\ , \qquad b_i^{(k+1)} = b_i(\underline{v}^{(k+1)}) \tag{1.82}$$

der Matrix $\underline{A}^{(k+1)}$ und des Vektors $\underline{b}^{(k+1)}$ berechnet. Mit den korrigierten Werten wird der Rechnungsgang ab Gl. (1.81) wiederholt bis ein Abbruchkriterium erfüllt ist. Die Konvergenz dieser Methode ist nicht in allen Fällen gewährleistet. Ein Hilfsmittel, um eine Konvergenz zu erzwingen, ist die <u>Unterrelaxation</u>. Anstelle der neu berechneten Werte Gl. (1.82) werden die korrigierten Elemente

$$a_{ij}^{*(k+1)} = a_{ij}^{(k)} + \beta\left[a_{ij}(\underline{v}^{(k+1)}) - a_{ij}^{(k)}\right] \tag{1.82a}$$

$$b_i^{*(k+1)} = b_i^{(k)} + \beta\left[b_i(\underline{v}^{(k+1)}) - b_i^{(k)}\right] \tag{1.82b}$$

in das Gleichungssystem zur Durchrechnung des folgenden Iterationsschrittes eingesetzt. Der <u>Unterrelaxationsfaktor</u> $\beta<1$ ist der Erfahrung zu entnehmen. Bei der Berechnung magnetischer Felder hat es sich bewährt, die Matrixelemente indirekt durch Unterrelaxation der Permabilität, eine Einflußgröße der Elemente, zu korrigieren.

Bei Anwendung eines Überrelaxationsverfahrens zur Lösung des Gleichungssystems wird die iterative Korrektur der Elemente dem eigentlichen Lösungsprozeß überlagert. Dabei wird es zweckmäßig sein, den Iterationszyklus zur Lösung des Gleichungssystems mehrfach zu durchlaufen, bevor eine Korrektur der Elemente erfolgt. Da der Überrelaxationsfaktor ω von den Elementen der Iterationsmatrix $\underline{M}$ abhängig ist, muß ω aus dem Iterationsablauf berechnet werden (Abschnitt 1.3.8), woraus eine zusätzliche Beeinflussung der Matrixelemente folgt.

Der Erfolg dieser Iterationsverfahren wird von der Problemstellung bestimmt. Die Größe des Gleichungssystems und der Grad der Abhängigkeit der Elemente vom Lösungsvektor spielen eine wesentliche Rolle. Ist das Gleichungssystem nicht zu groß und steht ein entsprechender Rechner zur Verfügung, bietet sich zur Vermeidung der Über- und Unterrelaxation die iterative Näherung nach N e w t o n unter Verwendung eines Eliminationsverfahrens an. Schreiben wir das Gleichungssystem für den Versuchsvektor $\underline{v}^{(k)}$ in der Form

$$\underline{f}^{(k)} \equiv \underline{A}^{(k)}\, \underline{v}^{(k)} + \underline{b}^{(k)} = \underline{r}^{(k)} \quad , \tag{1.83}$$

so berechnet man nach N e w t o n aus dem Gleichungssystem

$$\frac{\partial \underline{f}^{(k)}}{\partial \underline{v}}\, \Delta\underline{v}^{(k)} + \underline{f}^{(k)} = \underline{0} \tag{1.84}$$

eine Korrektur $\Delta\underline{v}^{(k)}$, womit die verbesserte Näherungslösung

$$\underline{v}^{(k+1)} = \underline{v}^{(k)} + \Delta\underline{v}^{(k)} \tag{1.85}$$

gebildet wird. Die Koeffizientenmatrix der Gl. (1.84) heißt Jacobimatrix und hat die Form

$$\underline{F}' = \begin{bmatrix} \frac{\partial f_1}{\partial v_1} & \cdots & \frac{\partial f_1}{\partial v_n} \\ \cdots & \cdots & \cdots \\ \frac{\partial f_n}{\partial v_1} & \cdots & \frac{\partial f_n}{\partial v_n} \end{bmatrix} . \tag{1.86}$$

Ihre Koeffizienten ergeben sich aus einer Zeile der Gl. (1.83)

$$f_i^{(k)} = r_i^{(k)} = \Big(\sum_{l=1}^{n} a_{il}^{(k)}\, v_l^{(k)} \Big) + b_i^{(k)} \tag{1.87}$$

durch Differentiation nach den Komponenten von $\underline{v}$

$$f'^{(k)}_{i,j} \equiv \left(\frac{\partial f_i}{\partial v_j}\right)^{(k)} = \left[a_{ij} + \left(\sum_{l=1}^{n} v_l \frac{\partial a_{il}}{\partial v_j}\right) + \frac{\partial b_i}{\partial v_j}\right]^{(k)}$$

$$i=1,2,\ldots,n \qquad j=1,2,\ldots,n \qquad .(1.88)$$

Die Elemente der Matrix $\underline{F}'$ sind bei symmetrischer Ausgangsmatrix $\underline{A}$ nicht unbedingt symmetrisch. Deshalb läßt sich das Cholesky-Verfahren bei der Lösung von Gl. (1.84) nicht in jedem Fall anwenden. Im Beispiel 7 wird der Einfluß der nichtkonstanten Koeffizienten durch Unterrelaxierung bzw. mit Hilfe des Newton'schen Näherungsverfahrens berücksichtigt.

2. Numerische Lösung partieller Differentialgleichungen 2. Ordnung

2.1 Einteilung und Randbedingungen

Im physikalisch - technischen Bereich spielen die partiellen Differentialgleichungen 2. Ordnung

$$A(x,y)\ u_{xx} + 2B(x,y)\ u_{xy} + C(x,y)\ u_{yy} = F(x,y,u,u_x,u_y) \tag{2.1}$$

eine besondere Rolle. x und y sind die unabhängigen Variablen, während u(x,y) die Lösungsfläche oberhalb der x,y-Ebene darstellt. Für eine bestimmte partielle Differentialgleichung gibt es eine unbegrenzte Anzahl von Lösungen. Die Zusatzbedingungen, die dazu dienen, eine geeignete Lösung für ein vorgegebenes Problem festzulegen, heißen Randbedingungen. Gewöhnlich wird hierbei das Verhalten der Lösung auf einer Randlinie vorgeschrieben. Der Rand ist eine spezielle Kurve C in der x,y-Ebene (Bild 2.1). Die Randbedingungen sind die Höhe der Fläche u oberhalb der Randkurve und/oder die Neigung der Fläche u senkrecht zur Randkurve. Ist s der Abstand auf der Randkurve von einem bestimmten Ursprung, dann sind $x=x_0(s)$ und $y=y_0(s)$ die Parametergleichungen der Randkurve, und $u=u(x_0,y_0)=u(s)$ ist die Gleichung der "Kantenkurve" Γ. Die Randkurve selbst kann geschlossen oder offen sein. Randkurve und Randbedingungen sind jeweils typisch für die vorliegende Aufgabe. Die allgemeine Gleichung der Randbedingungen lautet

$$\alpha(s)\ u(s) + \beta(s)\ \frac{\partial u(s)}{\partial n} = \gamma(s) \quad . \tag{2.2}$$

Die verschiedenen Arten der möglichen Randbedingungen lassen sich durch die Parameter α,β und γ angeben und werden in der mathematischen Literatur wie folgt

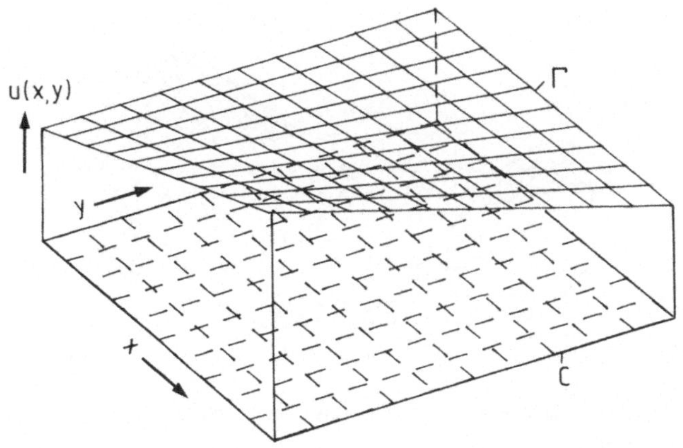

Bild 2.1 Potentialverteilung bei vorgegebenen Randwerten

Typ	hyperbolisch	parabolisch	elliptisch
D	> O	= O	< O
Normal-form	$u_{xy} = F$ $u_{xx} - u_{yy} = F$	$u_{xx} = F$	$u_{xx} + u_{yy} = F$
Randbedg.	Cauchy	Dirichlet oder Neumann	Dirichlet oder Neumann oder 3. Bedingung
Gebiet	einseitig offen	einseitig offen	geschlossen
Beispiel	Wellengleichung $u_{tt} = \mu^2 u_{xx}$ Bild 2.2	Wärmeleitung $u_t = \mu^2 u_{xx}$ Bild 2.3	Potentialgl. $u_{xx} + u_{yy} = O$ Bild 2.1

Tabelle 2.1 Einteilung der partiellen Differentialgleichungen 2. Ordnung mit Randbedingungen und Beispielen

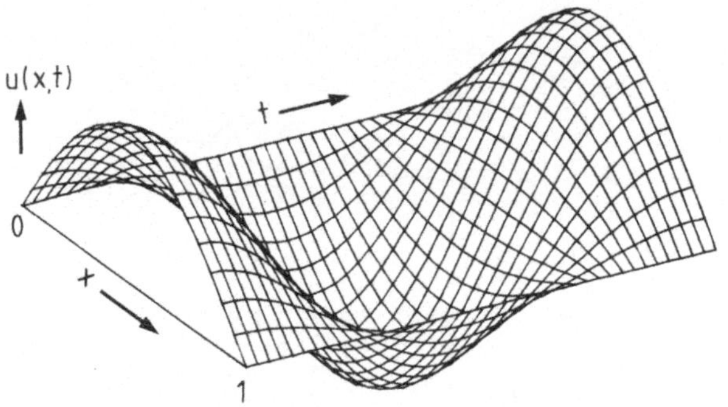

Bild 2.2 Schwingung einer eingespannten Saite bei sinusförmiger Auslenkung

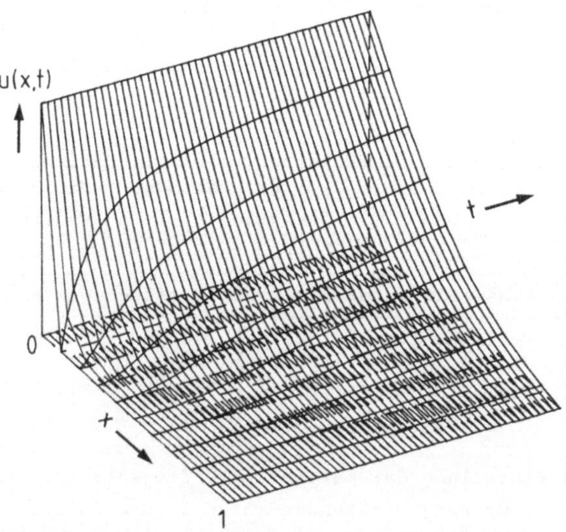

Bild 2.3 Temperaturverteilung in einem Stab

bezeichnet

a) Dirichlet-Bedingung: $\beta = 0$, gegeben u(s)

b) Neumann-Bedingung : $\alpha = 0$, gegeben $\frac{\partial u(s)}{\partial n}$

c) Cauchy-Bedingung : gegeben u(s) und $\frac{\partial u(s)}{\partial n}$ in zwei Gleichungen

d) 3. Bedingung : α und $\beta \neq 0$, gegeben eine Linearkombination von u(s) und $\frac{\partial u(s)}{\partial n}$.

Die partielle Differentialgleichung (2.1) läßt sich durch Einführung neuer Variablen auf sogenannte Normalformen transformieren (Abschnitt 5), so daß in Abhängigkeit von den Koeffizienten A,B und C drei Typen zu unterscheiden sind. Maßgebend hierfür ist die sogenannte Diskriminante

$$D = B^2 - A\,C \quad . \tag{2.3}$$

Einen Überblick gibt Tabelle 2.1, in der auch die zugehörigen Randbedingungen eingetragen sind.

Die Gleichung der schwingenden Saite für kleine Auslenkungen u

$$u_{tt} = \mu^2\, u_{xx} \tag{2.4}$$

ist ein Beispiel für eine partielle Differentialgleichung 2. Ordnung vom hyperbolischen Typ. Das Gebiet, in dem die Differentialgleichung erklärt ist, ist einseitig offen. Als Randbedingung sind die Anfangsbedingungen u und $\partial u/\partial n$ auf C und die Randwerte der eingespannten Saite erforderlich. In Bild 2.2 ist als Beispiel der Fall einer sinusförmigen Auslenkung $\hat{U}\sin(\pi/l\; x)$ zum Zeitpunkt t=0 dargestellt. Für t>0 schwingt die Saite nach der Funktion $\cos(\omega t)$, so daß

$$u(x,t) = \hat{U}\sin(\pi/l\; x)\cos(\omega t) \tag{2.4a}$$

eine mögliche Lösung der Gl. (2.4) ist.

Die <u>Potentialgleichung</u>

$$u_{xx} + u_{yy} = 0 \qquad (2.5)$$

ist ein Beispiel für eine partielle Differentialgleichung 2. Ordnung vom <u>elliptischen Typ</u>. Die Gleichung ist in einem Gebiet G mit dem Rand C der reellen x,y-Ebene definiert. Auf dem Rand ist entweder u oder $\partial u/\partial n$ oder eine Linearkombination beider vorzuschreiben. Bild 2.1 zeigt ein Beispiel, in dem das Vektorpotential des magnetischen Feldes auf dem Rand vorgegeben wurde. Weitere Erläuterungen hierzu werden in Abschnitt 2.4 gegeben.

Die <u>Wärmeleitungsgleichung</u>

$$u_t = \mu^2 u_{xx} \qquad (2.6)$$

ist ein Beispiel für die partielle Differentialgleichung 2. Ordnung vom <u>parabolischen Typ</u>. Die Gleichung ist in einem einseitig offenem Gebiet definiert. Auf dem Rand ist eine Randbedingung vorzuschreiben. In Bild 2.3 ist der Temperaturanstieg in Abhängigkeit von Ort und Zeit in einem Stab dargestellt, der zum Zeitpunkt $t=0$ an der Stelle $x=0$ an eine Wärmequelle mit der Temperatur $u=\theta$ angelegt wird und am Stabende $x=1$ die Temperatur $u=0$ beibehält. Nach Beendigung des Ausgleichsvorgangs stellt sich eine lineare Temperaturverteilung ein. Dieses Beispiel wird in Abschnitt 2.3.2 näher behandelt.

2.2 Diskretisierung

Die numerische Lösung einer Differentialgleichung ist in der Regel eine <u>Näherung</u>, die innerhalb des Gebietes G in <u>diskreten Punkten</u> berechnet wird. Durch die Diskretisierung wird das kontinuierliche System auf ein diskretes System, das für die Berechnung mit Hilfe von Rechenmaschinen geeignet ist, reduziert. Mittelwerte, Integrale, Ableitungen oder andere

Werte können aus den diskreten Werten durch Interpolation bestimmt werden.

In der Differentialgleichung werden die Differentialquotienten durch Differenzenquotienten ersetzt, d.h. die Ableitungen werden durch benachbarte Funktionswerte ausgedrückt. Einen einfachen Zusammenhang zwischen der Funktionsänderung f(x+h)-f(x) und den Ableitungen von f(x) liefert die Taylorsche Formel

$$f(x+h) - f(x) = \sum_{m=1}^{n-1} \frac{h^m}{m!} f^{(m)}(x) + R_n \qquad (2.7)$$

mit

$$R_n = \frac{h^n}{n!} f^{(n)}(\xi) \quad , \quad x \le \xi \le x+h \quad . \qquad (2.8)$$

Zur Abschätzung des Restgliedes R_n wird üblicherweise das Symbol $O(h^n)$, gelesen 'groß O von h^n', eingeführt. Da R_n eine Funktion von h^n ist, gehört R_n zur Funktionsklasse $O(h^n)$, wenn in der Umgebung von h=0 die Ungleichung $|R_n| \le K\,|h^n|$ gilt, wobei K eine beliebige positive Konstante ist. $|R_n|$ geht mit h gegen Null und wird nicht größer als $K\,|h^n|$. Sind in der Taylor-Formel die Ableitungen $f', f'', \ldots, f^{(n)}$ stetig und ist $f^{(n)}$ beschränkt, so gilt

$$R_n = O(h^n) \quad . \qquad (2.9)$$

Für den Fall n=2 erhält man

$$f(x+h) - f(x) = h\, f'(x) + R_2 \qquad (2.10)$$

und daraus für die erste Ableitung

$$f'(x) = \frac{f(x+h) - f(x)}{h} + O(h) \quad . \qquad (2.11)$$

Man nennt h die Schrittweite oder Schrittlänge, sie wird stets positiv gewählt. Der Differentialquotient läßt sich auch durch

$$f'(x) = \frac{f(x) - f(x-h)}{h} + O(h) \qquad (2.12)$$

ausdrücken. Gl. (2.11) nennt man den vorderen, Gl. (2.12) den hinteren Differenzenquotienten, oder auch Vorwärts-Differenzengleichung und Rückwärts-Differenzengleichung. Ergänzt man die Taylor-Formel durch die dritte Ableitung und bildet die Differenz der damit gebildeten vorderen und hinteren Differenzenquotienten, so erhält man den mittleren Differenzenquotienten

$$f'(x) = \frac{f(x+h) - f(x-h)}{2h} + O(h^2) \quad . \qquad (2.13)$$

Gl. (2.13) wird auch zentrale Differenzengleichung genannt. Obwohl der Fehler in dieser Gleichung von zweiter Ordnung ist, muß dies für die numerische Rechnung nicht immer die günstigste Näherung sein.

Die Näherungsgleichung für die zweite Ableitung erhält man aus den beiden Formeln

$$f(x+h) - f(x) = h\,f'(x) + \tfrac{1}{2}h^2 f''(x) + \tfrac{1}{6}h^3 f'''(x) + R_4$$

$$f(x-h) - f(x) = -\,h\,f'(x) + \tfrac{1}{2}h^2 f''(x) - \tfrac{1}{6}h^3 f'''(x) + R_4^*$$

durch Summenbildung

$$f''(x) = \frac{f(x+h) - 2f(x) + f(x-h)}{h^2} + O(h^2) \quad . \qquad (2.14)$$

Bei den von uns behandelten partiellen Differentialgleichungen treten höhere Ableitungen nicht auf.

2.3 Lösungsverfahren

Zur numerischen Lösung der partiellen Differentialgleichung werden hier das Differenzen-Verfahren und die Methode der finiten Elemente behandelt. Das Differenzen-Verfahren geht unmittelbar von der Randwertaufgabe aus, die sich aus der Differentialgleichung und den Randbedingungen ergibt. Es ist in der Theorie und in der praktischen Anwendung, insbesondere auch in der Programmiertechnik, relativ einfach und übersichtlich und wird in den folgenden Abschnitten erläutert.

Die Methode der finiten Elemente geht auf die Theorie der Variationsrechnung zurück. Wie in Abschnitt 5.2 gezeigt wird, besteht die Aufgabe darin, ein Integral zum Minimum zu führen. Da in den technisch-physikalischen Anwendungen dieses Integral einen Energieinhalt beschreibt, spricht man auch von der Energiemethode, die zur Lösung von Differentialgleichungen vom elliptischen Typ angewendet werden kann. Wir werden diese Methode im Zusammenhang mit der Berechnung magnetischer Felder in Abschnitt 2.4.3 besprechen.

2.3.1 Differenzenverfahren

Die partielle Differentialgleichung 2. Ordnung (2.1) ist innerhalb eines zweidimensionalen Gebietes definiert und ihre Lösung ist $u(x,y)$. Das Gebiet G wird im einfachsten Fall durch ein Rechteckgitternetz diskretisiert (Bild 2.4). Andere Gitternetzformen werden in den Anwendungsbeispielen besprochen. Die Unterteilung des Gebietes sollte nach Möglichkeit äquidistant erfolgen, was aber in der Praxis oft auf Schwierigkeiten stößt. Die Knotenpunkte des Netzes, auch Gitterpunkte genannt, werden mit i,k bezeichnet, wobei i in x- und k in y-Richtung läuft. Die Lösung existiert nur in den Gitterpunkten als Näherungswert und wird mit $U_{i,k}$ bezeichnet. Die Abstände der Linien werden durch die Größen p_i und q_k gekennzeichnet. Innerhalb eines <u>Teilgebietes</u> $g_{i,k}$ sind die <u>Gebietseigenschaften</u>, wie z.B. Materialgrößen, konstant.

Für die Differentialquotienten erhält man anhand der Gleichungen in Abschnitt 2.2 folgende Näherungen

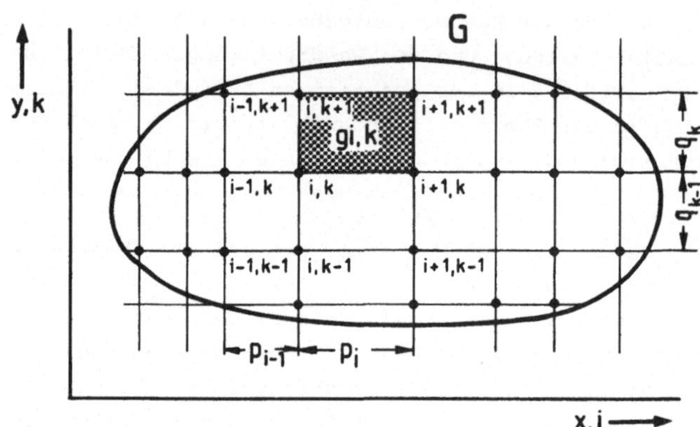

Bild 2.4 Diskretisierung eines Gebietes

$$u_x = \frac{U_{i+1,k} - U_{i,k}}{p_i} \tag{2.15a}$$

$$u_{xx} = \frac{U_{i+1,k} - 2U_{i,k} + U_{i-1,k}}{p_i^2} \tag{2.15b}$$

$$u_y = \frac{U_{i,k+1} - U_{i,k}}{q_k} \tag{2.15c}$$

$$u_{yy} = \frac{U_{i,k+1} - 2U_{i,k} + U_{i,k-1}}{q_k^2} \quad . \tag{2,15d}$$

Für jeden Punkt i,k wird man die gegebene Differentialgleichung in eine entsprechende Differenzengleichung umwandeln, so daß man in der Regel ein lineares Gleichungssystem erhält. Die Randbedingungen, soweit sie nicht vom Dirichlet-Typ sind, werden ebenfalls durch Näherungsgleichungen angegeben. Der Fehler, der durch den Ersatz des Kontinuums durch ein diskretes Modell entsteht, wird Diskretisierungsfehler, derjenige, der bei der numerischen Lösung des Gleichungssystems entsteht, Rundungsfehler genannt.

Die Größen von p_i und q_k beeinflussen den Diskretisierungs- und den Rundungsfehler gegenläufig, da eine kleine Unterteilung eine größere Zahl von Gleichungen und damit von Rechenoperationen erforderlich macht. Man kann daher nicht in jedem Fall sagen, daß eine Vergrößerung der Punktzahl eine genauere Lösung ergibt. Rundungs- oder andere Rechenfehler können zu einer numerischen Instabilität führen, die entweder ein beliebiges Anwachsen des Fehlers oder eine "Schwingung" um die wahre Lösung zur Folge hat.

2.3.2 Differentialgleichung vom parabolischen Typ

Wie in Abschnitt 2.1 erläutert wurde, lautet die Normalform dieser Differentialgleichung

$$u_{xx} = F(x,y,u,u_x,u_y) \quad .$$

Die Behandlung dieser Gleichung soll an dem Beispiel der eindimensionalen Wärmeströmung gezeigt werden, deren Differentialgleichung in bezogenen Größen die Form

$$u_{xx} = u_t \tag{2.16}$$

hat. Anstelle von y wird hier die Variable der Zeit mit $t \equiv y$ bezeichnet. Die Gleichung sei definiert in dem Gebiet

$$0 \leq x \leq 1 \quad , \qquad 0 < t \leq T \quad . \tag{2.17}$$

Zur numerischen Behandlung muß das einseitig offene Gebiet abgeschlossen werden, da wir nur mit endlicher Zeit rechnen können. T ist so groß zu wählen, daß die gesuchte Lösung innerhalb des Integrationsgebietes liegt. Die Randbedingungen seien

$$\begin{aligned} u(x,0) &= f(x) && 0<x<1 \\ u(0,t) &= g(t) && 0\leq t\leq T \\ u(1,t) &= h(t) && 0\leq t\leq T \quad . \end{aligned} \tag{2.18}$$

f,g und h sind beliebige vorgegebene Funktionen. In dem Beispiel Bild 2.3 ist $f(x)=0$, $g(t)=1$, $h(t)=0$. Siehe hierzu

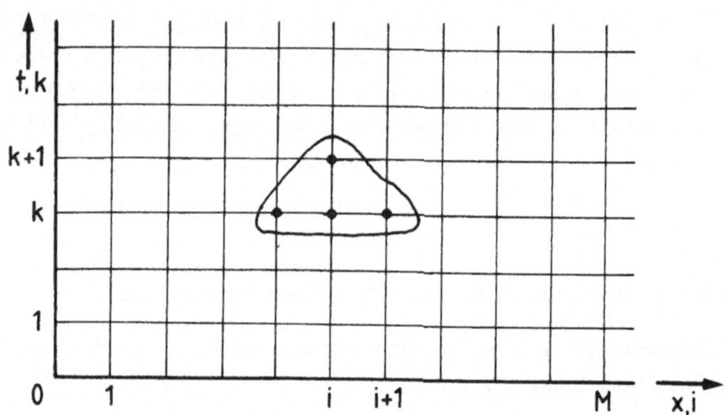

Bild 2.5 Gitternetz, Darstellung der Rechenpunkte in Gl. (2.22)

auch Beispiel 8. Das Integrationsgebiet wird äquidistant unterteilt mit $p \equiv \Delta x$, $q \equiv \Delta t$. Für die Netzpunkte gilt dann

$$x_i = i\,p \qquad t_k = k\,q$$
$$i=0,1,2,\ldots,M \qquad k=0,1,2,\ldots,N \tag{2.19}$$
$$p = \frac{1}{M} \qquad q = \frac{T}{N} \quad .$$

Die Grenzen sind durch $i=0$ und $i=M$, die Anfangslinie durch $k=0$ festgelegt. Die Näherungslösung im Punkt x_i, t_k wird, wie vereinbart, mit $U_{i,k}$ bezeichnet. Auf der Zeile $k=0$ sind die Werte $U_{i,0}$ durch die Funktion $f(x)$ der Randbedingungen gegeben. Hiervon ausgehend können nun alle anderen Werte sukzessiv berechnet werden. Nehmen wir an, daß für $t=t_k$ alle $U_{i,k}$ bereits berechnet wurden, so ergibt sich aus der Differentialgleichung (2.16) die Rechenvorschrift für die Unbekannten $U_{i,k+1}$. Hierzu wird Gl. (2.16) mit Hilfe von Gl. (2.15b) und (2.15c) in die Differenzengleichung

$$\frac{U_{i+1,k} - 2U_{i,k} + U_{i-1,k}}{p^2} = \frac{U_{i,k+1} - U_{i,k}}{q} \tag{2.20}$$

umgewandelt. Diese kann mit der Abkürzung

$$r = \frac{q}{p^2} = \frac{\Delta t}{\Delta x^2} \tag{2.21}$$

nach $U_{i,k+1}$ aufgelöst werden, womit man eine <u>explizite Gleichung</u> erhält, um in Richtung größerer Zeiten fortzuschreiten

$$U_{i,k+1} = r\, U_{i-1,k} + (1-2r)U_{i,k} + r\, U_{i+1,k} \quad , \quad i=1,2,\ldots,M-1 \quad . \tag{2.22}$$

Auf den Rändern i=0 und i=M ist $U_{i,k}$ gleich den Randbedingungen g(t) und h(t). Wie in Bild 2.5 angedeutet wird und aus Gl. (2.22) abzulesen ist, wird ein Wert der Zeile k+1 jeweils durch drei Werte der Zeile k bestimmt.

Die <u>Konvergenz</u> dieses <u>expliziten Verfahrens</u> läßt sich aus dem <u>Fehlervektor</u>

$$f_{i,k} = u_{i,k} - U_{i,k} \quad , \tag{2.23}$$

der Differenz zwischen der exakten und der Näherungslösung, abschätzen. Die Beschreibung der Differentialquotienten entsprechend Gl. (2.11) und Gl. (2.14) ergibt anstelle von Gl. (2.20) den Ausdruck

$$\frac{u_{i+1,k} - 2u_{i,k} + u_{i-1,k}}{p^2} + O(p^2) = \frac{u_{i,k+1} - u_{i,k}}{q} + O(q) . \tag{2.24}$$

Wird diese Gleichung nach $u_{i,k+1}$ aufgelöst und der Faktor r eingeführt, erhält man eine zu Gl. (2.22) analoge Gleichung ergänzt um den Diskretisierungsfehler

$$u_{i,k+1} = r\, u_{i-1,k} + (1-2r)u_{i,k} + r\, u_{i+1,k} + O(q^2+p^2q) . \tag{2.25}$$

Der Fehlervektor $f_{i,k}$ ist dann gleich der Differenz der beiden Gln. (2.22) und (2.25)

$$f_{i,k+1} = r\, f_{i-1,k} + (1-2r) f_{i,k} + r\, f_{i+1,k} + O(q^2+p^2 q) . \tag{2.26}$$

Da U und u zur Zeit t=0 und auf dem Rand übereinstimmen, ist

$$f_{i,0} = 0 \quad \text{und} \quad f_{0,k} = f_{M,k} = 0 \quad .$$

Die Summe der drei Koeffizienten in Gl.(2.26) ist unabhängig von r gleich eins und alle Koeffizienten sind positiv für

$$0 < r \le \frac{1}{2} \quad . \tag{2.27}$$

Ist $f_{k,max}$ der Betrag des größten Wertes einer Zeile

$$f_{k,max} = \max |f_{i,k}| \quad , \qquad i=0,1,\ldots,M \quad ,$$

so gilt mit der Einschränkung von r nach Gl. (2.27) für den größten Wert der folgenden Zeile die Abschätzung

$$f_{k+1,max} \le f_{k,max} + K(q^2 + p\, q) \quad , \tag{2.28}$$

wobei K eine beliebige positive Zahl ist. Ausgehend von der Zeile k=0, bei der voraussetzungsgemäß $f_{0,max}=0$ ist, ergibt sich mit $kq=k\Delta t\le T$ für die folgenden Zeilen

$$f_{k,max} \le k\, K(q^2 + p^2 q) \le \frac{T}{\Delta t} K(\Delta t^2 + \Delta x^2 \Delta t) = T\, K(\Delta t + \Delta x^2).$$

Die Näherungslösung $U_{i,k}$ konvergiert gegen die exakte Lösung $u_{i,k}$, da

$$\lim_{\Delta x, \Delta t \to 0} f_{k,max} = 0 \quad .$$

Die mit Rücksicht auf eine stabile Lösung vorgeschriebene Einschränkung von r in Gl. (2.27) bedeutet, daß bei einer gewählten Diskretisierung Δx der Zeitschritt Δt durch

$$\Delta t = r(\Delta x)^2$$

vorgeschrieben ist. Das hat unter Umständen zur Folge, daß die Zahl der notwendigen Zeitschritte und damit der Rechenoperationen so groß wird, daß das explizite Verfahren nicht zu verwenden ist. Da die Rechenpunkte der Gl. (2.22) im Gitternetz ein Dreieck bilden, siehe auch Bild 2.5, werden

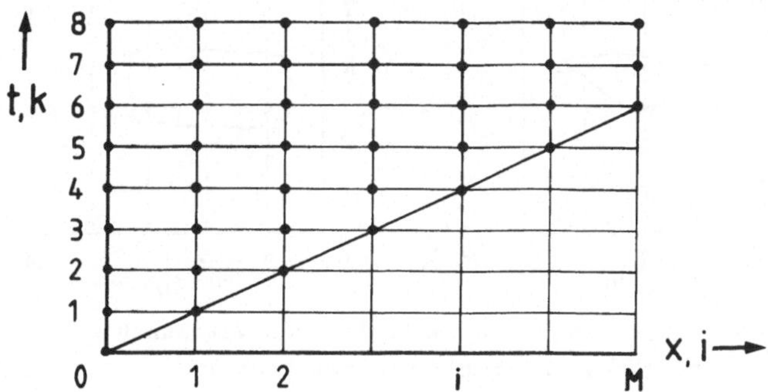

Bild 2.6 Einfluß der Randwerte, explizites Verfahren

ternetz ein Dreieck bilden, siehe auch Bild 2.5, werden die Randwerte nur schrittweise wirksam. Für unser Beispiel mit den Randbedingungen $f(x)=0$, $g(t)=1$ und $h(t)=0$ ist in Bild 2.6 unterhalb der eingezeichneten Geraden

$$U_{i,i-1} = 0 \quad \text{für} \quad i<M$$

unabhängig von der Zeit $t=(i-1)\Delta t$. Da aber $u=u(x,t)$ ist, wird ein von der Schrittweite Δt abhängiger Fehler auftreten.

Die hier angedeuteten Schwierigkeiten lassen sich mit dem <u>impliziten Verfahren</u> vermeiden, bei dem die Unbekannten der Zeile k+1 geschlossen aus einem Gleichungssystem berechnet werden. Wird die Ableitung u_{xx} in der Zeile k+1 bestimmt, so erhält man als Differenzengleichung

$$\frac{U_{i,k+1} - U_{i,k}}{q} = \frac{U_{i-1,k+1} - 2U_{i,k+1} + U_{i+1,k+1}}{p^2} , \qquad (2.29)$$

in der nur $U_{i,k}$ bekannt ist (Bild 2.7a). Die Auflösung nach der Zeile k+1 ergibt

$$- r\, U_{i-1,k+1} + (1+2r) U_{i,k+1} - r\, U_{i+1,k+1} = U_{i,k} \;. \quad (2.30)$$

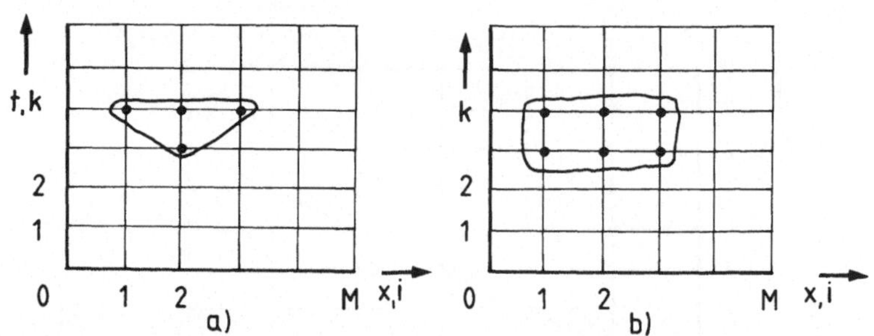

Bild 2.7 Diskretisierung im impliziten Verfahren
a) ohne, b) mit Gewichtsfaktor λ

Für alle Punkte der Zeile k+1 erhält man ein Gleichungssystem mit einer tridiagonalen symmetrischen Koeffizientenmatrix, das mit dem Cholesky-Verfahren (Abschnitt 1.2) gelöst werden kann

$$\begin{bmatrix} (1+2r) & -r & & \\ -r & (1+2r) & -r & \\ & \cdot & \cdot & \cdot \\ & & -r & (1+2r) \end{bmatrix} \begin{bmatrix} U_{1,k+1} \\ U_{2,k+1} \\ \cdots \\ U_{M-1,k+1} \end{bmatrix} = \begin{bmatrix} rU_{0,k+1}+U_{1,k} \\ U_{2,k} \\ \cdots\cdots \\ rU_{M,k+1}+U_{M-1,k} \end{bmatrix} . \quad (2.31)$$

Die "rechte Seite" ist von Zeile zu Zeile neu zu besetzen und enthält auch die Randbedingungen auf den Spalten i=O und i=M. Die Dreieckszerlegung der Koeffizientenmatrix muß nur einmal vorgenommen werden.

Gl. (2.29) kann man modifizieren, indem durch einen allgemeinen Gewichtsfaktor λ zusätzliche Werte der Reihe k mit in die

Rechnung einbezogen werden (Bild 2.7b)

$$U_{i,k+1} - U_{i,k} = r\Big[\lambda\big(U_{i-1,k+1} - 2U_{i,k+1} + U_{i+1,k+1}\big) + (1-\lambda)\big(U_{i-1,k} - 2U_{i,k} + U_{i+1,k}\big)\Big]$$

$$\text{mit } 0 \leq \lambda \leq 1 \quad . \qquad (2.32)$$

Eine Umstellung von Gl. (2.32) ergibt

$$- r\lambda U_{i-1,k+1} + (1+2r\lambda)U_{i,k+1} - r\lambda U_{i+1,k+1}$$

$$= r(1-\lambda)U_{i-1,k} + \left[1-2r(1-\lambda)\right]U_{i,k} + r(1-\lambda)U_{i+1,k} \; . \qquad (2.33)$$

Für $\lambda=1$ geht diese Gleichung in Gl. (2.30) und für $\lambda=0$ in die explizite Formel über. Die Elemente des Gleichungssystems (2.31) lassen sich aus Gl. (2.33) entnehmen.

Für äquidistante Unterteilung ist eine Stabilitätsuntersuchung möglich. Wie in [3] gezeigt wird, ist die Lösung stabil, wenn die Diskretisierung die Bedingung

$$r \equiv \frac{\Delta t}{\Delta x^2} < \frac{1}{\sin(\pi \Delta x)} \qquad (2.34)$$

erfüllt. Der Vorteil des impliziten Verfahrens liegt darin, daß auch mit größeren Zeitschritten gerechnet werden kann und die Randwerte in jeder Zeile alle Werte unmittelbar beeinflussen.

Die durchgeführten Fehlerbetrachtungen setzen voraus, daß die Lösung der Differentialgleichung durch die Taylorsche Formel Gln. (2.7, 2.8) darstellbar ist, d.h. $f^{(n)}$ muß beschränkt sein. Diese Forderung ist bei dem Beispiel 8, Bild 2.3, zum Zeitpunkt $t=0$ verletzt, da $u(x,t)$ im Punkt $x=0$, $t=0$ von 0 auf 1 springt. In der Umgebung derartiger Unstetigkeiten tritt bei der Diskretisierung ein zusätzlicher Fehler auf, der bei zunehmender Verfeinerung des Gitternetzes nicht verschwindet. Wie auch das Beispiel 8 zeigt, pflanzen sich bei parabolischen Differentialgleichungen Anfangsunstetigkeiten im allgemeinen nicht in die für spätere Zeitpunkte geltende

Lösung fort.

Die beiden besprochenen Verfahren lassen sich auch auf Gleichungen mit nicht konstanten Koeffizienten anwenden. Die allgemeine Form einer solchen Gleichung ist z.B.

$$u_t = a\,u_{xx} + b\,u_x + c\,u + d \quad . \tag{2.35}$$

Die Koeffizienten a,b,c und d können Funktionen von x und t sein. Die Randbedingungen genügen der Gleichung

$$\beta\,u_x + \alpha\,u = \gamma \quad , \tag{2.36}$$

worin α,β und γ nur Funktionen von t sind. Wir betrachten als Beispiel die Wärmeleitung in einer dünnen Kreisscheibe. Die Wärmeleitungsgleichung in Zylinderkoordinaten lautet

$$u_t = u_{xx} + \frac{1}{x}\,u_x \quad . \tag{2.37}$$

Werden hierin die Differenzengleichungen eingeführt, so erhält man bei Anwendung des impliziten Verfahrens mit λ=1 als Ausgangsgleichung

$$\frac{U_{i,k+1} - U_{i,k}}{q} = \frac{U_{i-1,k+1} - 2U_{i,k+1} + U_{i+1,k+1}}{p^2} + \frac{1}{i\,p}\,\frac{U_{i-1,k+1} - U_{i,k+1}}{p} \quad . \tag{2.38}$$

Diese Gleichung wird nach der Reihe k+1 aufgelöst

$$- r(1+\frac{1}{i})U_{i-1,k+1} + (1+2r+\frac{r}{i})U_{i,k+1} - r\,U_{i+1,k+1} = U_{i,k} \;, \tag{2.39}$$

so daß sich wiederum ein Gleichungssystem mit tridiagonaler Koeffizientenmatrix ergibt.

2.3.3 Differentialgleichung vom elliptischen Typ

Wie in Abschnitt 2.1 erläutert wurde, lautet die Normalform dieser Differentialgleichung

$$u_{xx} + u_{yy} = F(x,y,u,u_x,u_y) \quad .$$

Als Beispiel behandeln wir die Laplace-Gleichung

$$u_{xx} + u_{yy} = 0 \quad , \tag{2.40}$$

die in einem rechteckigen Gebiet G mit dem Rand C definiert sei. Außerdem sollen die Randwerte gegeben sein (Dirichlet-Problem). In Bild 2.8 ist das Gebiet G mit einem gleichmäßig

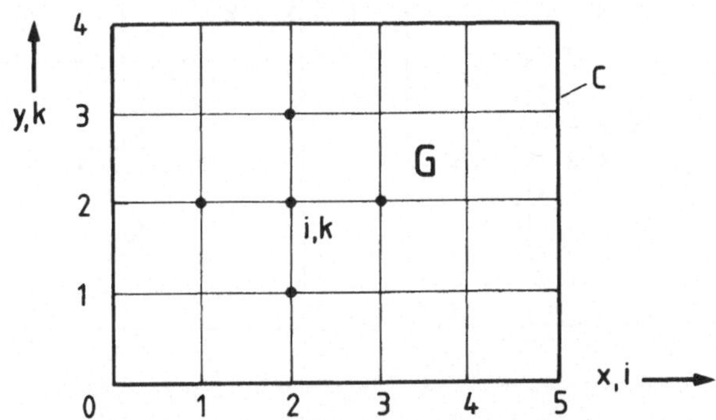

Bild 2.8 Gebiet G mit gleichmäßiger Gitterteilung

geteiltem Gitternetz dargestellt. In diesem Fall ist p=q und die Differenzengleichung der Gl. (2.40) lautet

$$\frac{U_{i-1,k} - 2U_{i,k} + U_{i+1,k}}{p^2} + \frac{U_{i,k-1} - 2U_{i,k} + U_{i,k+1}}{p^2} = 0 \; . \tag{2.41}$$

Zusammengefaßt erhält man für jeden Rechenpunkt innerhalb des Gebietes die Gleichung

$$-U_{i+1,k} - U_{i-1,k} + 4U_{i,k} - U_{i,k+1} - U_{i,k-1} = 0 \; . \tag{2.42}$$

Die entsprechenden Werte der Randpunkte in dieser Gleichung sind bekannt und werden auf die rechte Seite gebracht. Im Punkt i=1, k=1 lautet die Gleichung zum Beispiel

$$- U_{2,1} + 4U_{1,1} - U_{1,2} = U_{0,1} + U_{1,0} \quad . \tag{2.43}$$

Damit erhält man ein Gleichungssystem mit einer symmetrischen Bandmatrix als Koeffizientenmatrix, deren Struktur aus Bild 2.9 zu entnehmen ist. Die Elemente der Hauptdiagonalen sind alle gleich 4, während alle anderen angekreuzten Elemente den Wert -1 haben. Die Bandbreite hängt davon ab, in

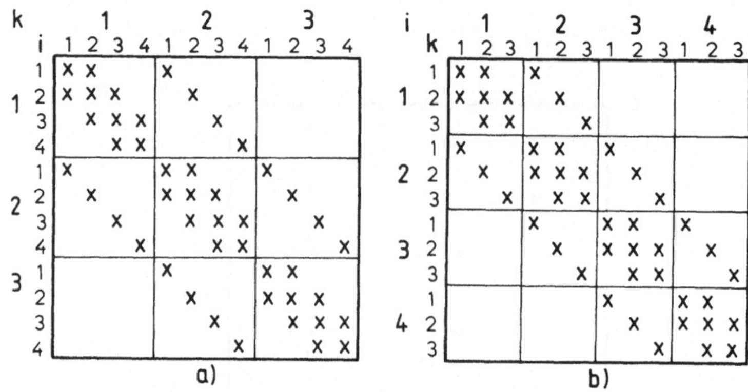

Bild 2.9 Struktur der Matrix des Gleichungssystems zum Beispiel in Bild 2.8, a)zeilenweise b)spaltenweise geordnet

welcher Reihenfolge die Punkte geordnet werden. Die Reihenfolge sollte so gewählt werden, daß die Bandbreite möglichst klein wird. Wie in Bild 2.8,S.59, angedeutet wird, ist jeder Rechenpunkt mit den vier benachbarten Punkten verknüpft, die teilweise auch auf dem Rand liegen können. Bei zeilenweiser Anordnung der Gleichungen, Bild 2.9a, stehen im Diagonal-Block der Matrix die Koeffizienten, die die Punkte einer Zeile, in den Seiten-Diagonal-Blöcken solche, die die Punkte übereinander liegender Zeilen miteinander verbinden. Die Matrix in Bild 2.9b, S. 60, gilt analog für spaltenweise Anordnung der Gleichungen.

Die Lösung des Gleichungssystems kann nach einer der in Abschnitt 1 besprochenen Methoden erfolgen. Als Eliminationsverfahren bietet sich wegen der symmetrischen Matrix das Choleskyverfahren (Abschnitt 1.2, S. 17) an. Bei dem iterativen Einzelschrittverfahren (Abschnitt 1.3.3, S. 22) wird Gl. (2.42) nach dem Hauptdiagonalelement aufgelöst

$$U_{i,k} = \frac{1}{4}(U_{i+1,k} + U_{i-1,k} + U_{i,k+1} + U_{i,k-1}) \tag{2.44}$$

und sukzessiv durchlaufen. Da jedem Punkt eine Gleichung entspricht, nennt man dieses Verfahren auch Punktiteration. Sie ist programmiertechnisch sehr einfach zu behandeln. Eine Laufanweisung durchläuft alle Rechenpunkte. Die gegebenen Randpunkte werden daher "automatisch" erfaßt. Da das gesamte Potentialfeld ausschließlich durch die Randpunkte bestimmt wird, sollten die Punkte in wechselnden Richtungen durchlaufen werden, um ein gleichmäßiges "Hereintragen" der Randpotentiale zu gewährleisten.

Die in 1.3.6 beschriebene Überrelaxation kann noch weiter modifiziert werden, indem man die Matrizen des Gleichungssystems in Untermatrizen unterteilt, wobei man sich die Blockstruktur der Koeffizientenmatrix zunutze macht. Bei einer Anordnung der Gleichungen nach Zeilen entspricht die Blockstruktur jeweils einer Zeile im Gitternetz. Man erhält folgende Matrizen

$$\underline{A} = \begin{bmatrix} \underline{D}_1 & \underline{U}_1 & & & \\ \underline{L}_1 & \underline{D}_2 & \underline{U}_2 & & \\ & \underline{L}_2 & \underline{D}_3 & \underline{U}_3 & \\ & & \cdot & \cdot & \cdot \\ & & & & \underline{U}_{p-1} \\ & & & \underline{L}_{p-1} & \underline{D}_p \end{bmatrix}, \quad \underline{v} = \begin{bmatrix} \underline{v}_1 \\ \underline{v}_2 \\ \underline{v}_3 \\ \cdot \\ \underline{v}_{p-1} \\ \underline{v}_p \end{bmatrix}, \quad \underline{b} = \begin{bmatrix} \underline{b}_1 \\ \underline{b}_2 \\ \underline{b}_3 \\ \cdot \\ \underline{b}_{p-1} \\ \underline{b}_p \end{bmatrix}. \tag{2.45}$$

Für eine "Zeile" lautet dann die Iterationsgleichung

$$\underline{L}_{i-1}\, \underline{v}_{i-1}^{(m+1)} + \underline{D}_i\, \underline{v}_i^{(m+1)} + \underline{U}_i\, \underline{v}_{i+1}^{(m)} + \underline{b}_i = \underline{O} \quad , \qquad (2.46a)$$

oder aufgelöst nach dem Hauptdiagonalelement

$$\underline{D}_i\, \underline{v}_i^{(m+1)} = - \left[\underline{L}_{i-1}\, \underline{v}_{i-1}^{(m+1)} + \underline{U}_i\, \underline{v}_{i+1}^{(m)} + \underline{b}_i \right] \quad . \qquad (2.46b)$$

Die Einführung des Überrelaxationsfaktors ω ergibt

$$\underline{D}_i\, \underline{v}_i^{(m+1)} = \underline{D}\, \underline{v}_i^{(m)} - \omega\Big[\underline{L}_{i-1}\, \underline{v}_{i-1}^{(m+1)} + \underline{D}_i\, \underline{v}_i^{(m)} + \underline{U}_i\, \underline{v}_{i+1}^{(m)} + \underline{b}_i \Big] \quad . \qquad (2.47)$$

Gl. (2.47) stellt das Gleichungssystem der in einem Block vorhandenen Gleichungen dar. Es wird mit einem Eliminationsverfahren (Cholesky-Verfahren) gelöst. Außerdem ist Gl. (2.47) eine Gleichung im Iterationszyklus. Die Indizes zur Berechnung der Blöcke können entfallen. Dann ergibt sich die <u>Iterationsgleichung</u>

$$\underline{v}^{(m+1)} = - (\underline{L} + \omega^{-1}\, \underline{D})^{-1}\big[\, \underline{U} + (1 - \omega^{-1})\underline{D}\big]\, \underline{v}^{(m)} - (\underline{L} + \omega^{-1}\, \underline{D})^{-1}\, \underline{b} \quad . \qquad (2.48)$$

Gl. (2.48) stimmt formal mit Gl. (1.53) überein, jedoch ist zu beachten, daß die Matrizen eine andere Bedeutung haben. Für die Konvergenz ist der Spektralradius der <u>Iterationsmatrix</u>

$$\underline{M}_B(\omega) = - (\underline{L} + \omega^{-1}\, \underline{D})^{-1}\big[\, \underline{U} + (1 - \omega^{-1})\underline{D}\big] \qquad (2.49)$$

maßgebend. Für $0<\omega<2$ ist $\rho(\underline{M}_B(\omega))<1$, falls die Matrix symmetrisch definit ist. Da $\underline{A}$ als Hypermatrix eine tridiagonale Matrix ist, gilt für den Überrelaxationsfaktor:
Der optimale <u>Überrelaxationsfaktor</u> ω_{opt} <u>bei blockweiser Überrelaxation</u> ist für ein symmetrisch-definites Gleichungssystem, dessen Koeffizientenmatrix blockweise tridiagonal ist, gegeben durch

$$\omega_{opt} = \frac{2}{1 + \sqrt{1 - \lambda_1^2}} \quad .$$

Darin bedeutet λ_1 den dominanten Eigenwert der Matrix $-\underline{D}^{-1}(\underline{L}+\underline{U})$, der wie in Abschnitt 1.3.8 aus dem Iterationsprozeß gewonnen werden kann. Die Bedeutung der Blockrelaxation liegt darin, daß die Konvergenzziffer der blockweisen Überrelaxation größer ist als die der punktweisen Überrelaxation. Zur Erzielung gleicher Genauigkeit ist daher eine kleinere Anzahl von Iterationen erforderlich. Allerdings bleibt der totale Rechenaufwand der gleiche, da die bei der Iteration gewonnene Rechenzeit bei der Auflösung der impliziten Gleichungssysteme wieder verbraucht wird.

2.4 Berechnung magnetischer Felder in einer Ebene

Als Anwendungsbeispiel zu den in den vorigen Abschnitten dargestellten Lösungsmethoden soll die Berechnung von magnetischen Feldern dienen. Wegen der Verwandtschaft physikalischer Probleme, die durch die gleichen Differentialgleichungen beschrieben werden, sind die folgenden Überlegungen exemplarisch und können auch auf andere Aufgabenstellungen übertragen werden. Hierzu gehören insbesondere Probleme der Wärmeleitung und des elektrostatischen Feldes. Die analytische Lösung ist im technisch-physikalischen Bereich nur in Ausnahmefällen möglich, da komplizierte Geometrien die Erfüllung der Randbedingungen erschweren, und Materialeigenschaften zu nicht konstanten Koeffizienten der Differentialgleichungen führen.

2.4.1 Aufgabenstellung, Differentialgleichung

Es besteht die Aufgabe, innerhalb eines geschlossenen Gebietes G in der x,y-Ebene mit dem Rand C das magnetische Feld, das durch die Induktion

$$\vec{B} = \vec{e}_x B_x + \vec{e}_y B_y \qquad (2.50a)$$

und die elektrische Feldstärke

$$\vec{E} = \vec{e}_z \, E \tag{2.50b}$$

beschrieben wird, zu berechnen (Bild 2.10). Die elektrische Feldstärke $\vec{E}$ und die ihr proportionale Stromdichte

$$\vec{S} = \vec{e}_z \, S \tag{2.50c}$$

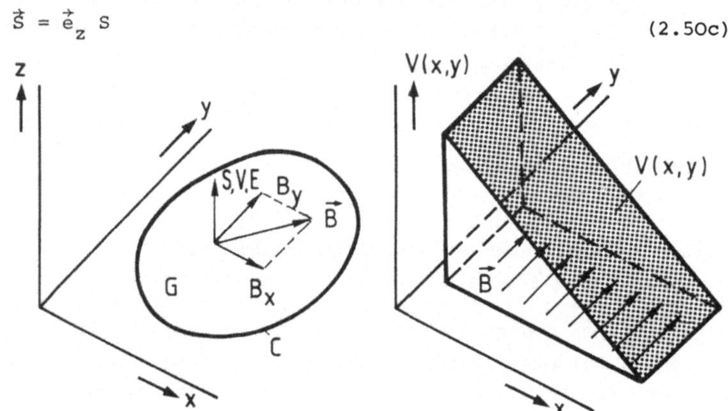

Bild 2.10 Koordinatensystem   Bild 2.11 Homogenes Feld $\vec{B}=\vec{e}_y B_y$

haben nur eine Komponente in z-Richtung. $\vec{E}$ und $\vec{S}$ können eingeprägte Größen oder auf Induktionsvorgänge zurückzuführen sein. Das Problem läßt sich durch Einführung des <u>Vektorpotentials</u> entsprechend der Definition

$$\vec{B} = \text{rot}\, \vec{V}$$

auf <u>eine abhängige Variable</u> reduzieren, da $\vec{V}$ nur eine Komponente in z-Richtung hat

$$\vec{V} = \vec{e}_z \, V \tag{2.50d}$$

und sich die Unbekannten B_x, B_y, S, E daraus berechnen lassen. Setzt man $\vec{V}$ in den Differentialoperator rot ein, erhält man aus der für kartesische Koordinaten gültigen Beziehung

$$\text{rot}\, \vec{V} = \vec{e}_x \frac{\partial V}{\partial Y} - \vec{e}_y \frac{\partial V}{\partial x}$$

für die Komponenten der Induktion

$$B_x = \frac{\partial V}{\partial y} \quad , \qquad B_y = - \frac{\partial V}{\partial x} \quad .$$

V(x,y) ist die Lösungsfläche, die sich in der dritten Dimension über der x,y-Ebene ausbildet. Die Neigung der Fläche in einem bestimmten Punkt gibt die dort vorhandene Induktion an. Bild 2.11, S.64, zeigt den Sonderfall eines homogenen Feldes.

$\mathrm{rot}\,\vec{H} = \vec{S}$		$\vec{B} = \mu\,\vec{H}$	
$\mathrm{rot}\,\vec{E} = -\frac{\partial \vec{B}}{\partial t}$		$\vec{S} = \kappa\,\vec{E}$	
$\mathrm{div}\,\vec{B} = 0$	$\vec{B} = \mathrm{rot}\,\vec{V}$	$\mathrm{div}\,\vec{V} = 0$	(2.51)
H magnetische Feldstärke		B magnetische Induktion	
E elektrische Feldstärke		S Stromdichte	
μ Permeabilität		κ Leitfähigkeit	

Tabelle 2.2 Gleichungen des magnetischen Feldes, [15], [6]

In Tabelle 2.2 sind die aus der theoretischen Elektrotechnik bekannten Gleichungen des magnetischen Feldes zusammengestellt, aus denen sich die Randwertaufgabe (s. Abschnitt 2.1)

$$\mathrm{rot}\left[\frac{1}{\mu}\mathrm{rot}(\vec{e}_z\ V)\right] = -\kappa\,\frac{\partial V}{\partial t} + S_e \qquad (2.52a)$$

$$\alpha(s)\ V(s) + \beta(s)\,\frac{\partial V}{\partial n} = \gamma(s) \qquad (2.52b)$$

ableiten läßt. $S_e(x,y)$ ist eine <u>eingeprägte Stromdichte</u>, die proportional einem elektrischen Skalarpotential gedacht werden kann

$$S_e = -\kappa\,\frac{\partial \varphi}{\partial z} \quad , \qquad (2.53a)$$

während der Term

$$S_w = -\kappa\,\frac{\partial V}{\partial t} \qquad (2.53b)$$

die <u>Wirbelstromdichte</u> $S_w(x,y)$ in der x,y-Ebene beschreibt. Für konstante Permeabilität kann man Gl. (2.52a) in der Form

$$\Delta V = \mu(-\kappa \frac{\partial V}{\partial t} + S_e) \tag{2.54}$$

schreiben.

Die Aufspaltung der Stromdichte S in die beiden Anteile S_e und S_w legt nahe, die beiden folgenden Sonderfälle zu untersuchen:

a) $S_w=0$, zeitlich konstantes Magnetfeld bei vorgegebener Stromdichteverteilung. Die Differentialgleichung (2.52a) vereinfacht sich zur Poisson-Gleichung. Ist außerdem $S_e=0$, dann ist ein Potentialfeld zu berechnen, Gl. (2.52a) geht in die Laplace-Gleichung über. Beide Differentialgleichungen gehören zum elliptischen Typ.

b) $S_w \neq 0$, zeitlich veränderliche Felder, es sind Wirbelströme vorhanden. Die Differentialgleichung (2.52a) gehört zum parabolischen Typ.

Wir beschreiben in den folgenden Abschnitten die Anwendung des Differenzenverfahrens und der Methode der finiten Elemente auf die beiden genannten Sonderfälle.

2.4.2 Differenzenverfahren

Die Differentialgleichung (2.52a) ist zur numerischen Lösung der Randwertaufgabe bei veränderlicher Permeabilität wenig geeignet. Günstiger ist es, das Flächenintegral zu bilden, wodurch man bei Anwendung des Integralsatzes von S t o k e s die Gleichung

$$\oint \frac{1}{\mu} \text{rot}(\vec{e}_z\ V)\ d\vec{s} = \iint (-\kappa \frac{\partial V}{\partial t} + S_e)\ dA \tag{2.55}$$

erhält. Das Randintegral gilt nicht nur auf dem Rand C des Gebietes G, sondern auf jedem beliebigen geschlossenen Weg innerhalb von G, wovon wir im folgenden Gebrauch machen werden.

2.4.2.1 Zeitlich konstante Felder

2.4.2.1.1 Kartesische Koordinaten

Bei kartesischen Koordinaten gilt

$$\mathrm{rot}(\vec{e}_z\ V) = \vec{e}_x \frac{\partial V}{\partial y} - \vec{e}_y \frac{\partial V}{\partial x} \quad , \tag{2.56}$$

woraus für die Komponenten der Induktion folgt

$$B_x = \frac{\partial V}{\partial y} \quad , \quad B_y = -\frac{\partial V}{\partial x} \quad . \tag{2.57}$$

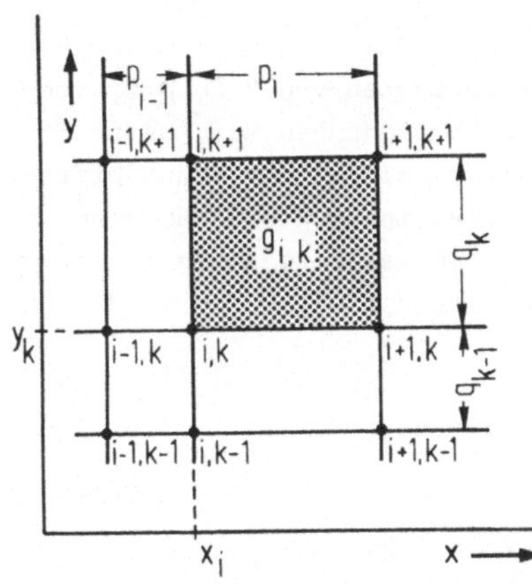

Bild 2.12 Diskretisierung

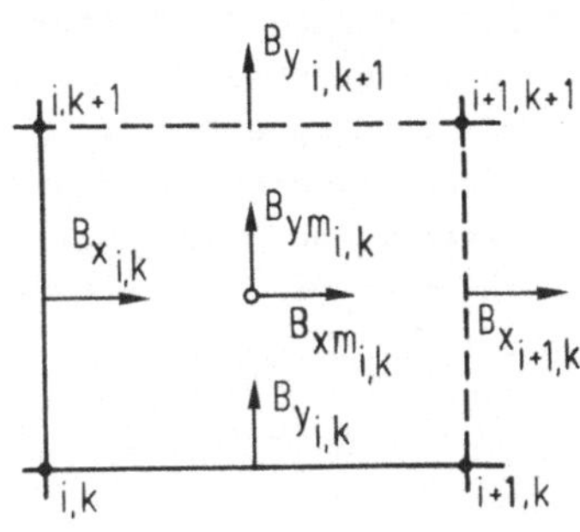

Bild 2.13 Berechnung der Induktion

Wird Gl. (2.56) und

$$d\vec{s} = \vec{e}_x\, dx + \vec{e}_y\, dy \tag{2.58}$$

in Gl. (2.55) eingesetzt, so erhält man für den Sonderfall S_w=O die Gleichung

$$\oint \frac{1}{\mu}\left(\frac{\partial V}{\partial y}\, dx - \frac{\partial V}{\partial x}\, dy\right) = \iint S_e\, dA \quad . \tag{2.59}$$

Wie bereits in Abschnitt 2.3.1 erläutert wurde, wird das Gebiet G in Teilgebiete $g_{i,k}$ aufgeteilt, in denen die Gebiets-

eigenschaften $\mu_{i,k}$, $\kappa_{i,k}$, $S_{e_{i,k}}$ konstant sind (Bild 2.12,S.67).
Das Gitternetz wird so gewählt, daß

a) der Rand C und die Trennlinien zwischen Gebieten unterschiedlicher Eigenschaften möglichst gut nachgebildet werden, und
b) der Diskretisierungsfehler hinreichend klein wird.

Die Koordinaten des Punktes i,k sind x_i, y_k. Die Beziehung zu den Nachbarpunkten ist gegeben durch die Gleichungen

$$x_{i+1} = x_i + p_i \quad , \qquad y_{k+1} = y_k + q_k$$
$$x_{i-1} = x_i - p_{i-1} \quad , \qquad y_{k-1} = y_k - q_{k-1} \quad . \tag{2.60}$$

Zur Umwandlung der Differentialquotienten von V in Differenzenquotienten können wir auf die Überlegungen von Abschnitt 2.3.1 zurückgreifen. Im einfachsten Fall kann man den Differenzenquotienten aus den Potentialen in zwei benachbarten Punkten berechnen, wobei der Anstieg des Potentials linear angenommen wird und der Diskretisierungsfehler vom Grade O(h) ist

$$B_{x_{i,k}} = \frac{\partial V}{\partial y}\bigg|_{i,k} = \frac{V_{i,k+1} - V_{i,k}}{q_k} \quad ,$$
$$B_{y_{i,k}} = -\frac{\partial V}{\partial x}\bigg|_{i,k} = -\frac{V_{i+1,k} - V_{i,k}}{p_i} \quad . \tag{2.61}$$

Die Komponenten der Induktion zwischen zwei Gitterpunkten sind konstant. An den in Bild 2.13, S.67, gestrichelt dargestellten Rändern können die Induktionskomponenten verschieden von denjenigen der gegenüberliegenden Seiten sein, da der jeweilige Anstieg des Vektorpotentials nicht gleich sein muß. Aus den Komponenten der Induktionen an den vier Gebietsgrenzen berechnen wir die Mittelwerte

$$B_{xm_{i,k}} = \frac{V_{i,k+1} - V_{i,k} + V_{i+1,k+1} - V_{i+1,k}}{2q_k} \tag{2.62a}$$

$$B_{ym_{i,k}} = - \frac{V_{i+1,k} - V_{i,k} + V_{i+1,k+1} - V_{i,k+1}}{2p_i} \tag{2.62b}$$

und die mittlere Induktion des Teilgebietes $g_{i,k}$

$$B_{m_{i,k}} = \sqrt{B^2_{xm_{i,k}} + B^2_{ym_{i,k}}} \quad . \tag{2.62c}$$

Der magnetische Fluß läßt sich mit Hilfe des Vektorpotentials berechnen. Aus Gl. (2.57) folgt

$$dV = B_x\, dy \quad , \qquad dV = - B_y\, dx \quad .$$

Die Integration dieser Gleichungen ergibt

$$\int_1^2 dV = \int_1^2 B_x\, dy \qquad \int_1^2 dV = - \int_1^2 B_y\, dx$$

$$V_2 - V_1 = \phi'_x \qquad V_2 - V_1 = - \phi'_y \quad . \tag{2.63}$$

Die Differenz der Vektorpotentiale zwischen zwei beliebigen Punkten gibt den Fluß ϕ' pro Längeneinheit an, der zwischen diesen Punkten hindurchtritt.

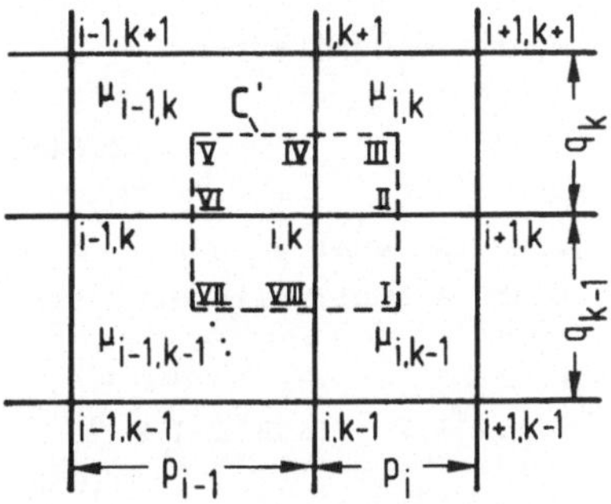

Bild 2.14 Integrationsweg C'

Zur Berechnung des Vektorpotentials $V_{i,k}$ wird Gl. (2.59) herangezogen. Dazu wird im Gitternetz eine den Punkt i,k rechteckförmig umlaufende Randkurve C' gelegt (Bild 2.14), die die Strecken p_i, p_{i-1}, q_k und q_{k-1} halbiert und links herum durchlaufen wird, um die Stromdichte im mathematisch positiven Sinn zu umfassen. Umlauf- und Flächenintegral werden in Teilintegrale zerlegt, so daß die Integranden abschnittsweise entsprechend den gemachten Voraussetzungen konstant sind. Mit den Beziehungen in Bild 2.14 lauten die Teilintegrale der linken Seite

$$\int_{I}^{III} -\frac{1}{\mu}\frac{\partial V}{\partial x}\,dy = \frac{V_{i,k} - V_{i+1,k}}{2p_i}\left[\frac{q_k}{\mu_{i,k}} + \frac{q_{k-1}}{\mu_{i,k-1}}\right] \tag{2.64a}$$

$$\int_{III}^{V} -\frac{1}{\mu}\frac{\partial V}{\partial y}\,dx = \frac{V_{i,k} - V_{i,k+1}}{2q_k}\left[\frac{p_i}{\mu_{i,k}} + \frac{p_{i-1}}{\mu_{i-1,k}}\right] \tag{2.64b}$$

$$\int_{V}^{VII} \frac{1}{\mu}\frac{\partial V}{\partial x}\,dy = \frac{V_{i,k} - V_{i-1,k}}{2p_{i-1}}\left[\frac{q_k}{\mu_{i-1,k}} + \frac{q_{k-1}}{\mu_{i-1,k-1}}\right] \tag{2.64c}$$

$$\int_{VII}^{I} \frac{1}{\mu}\frac{\partial V}{\partial y}\,dx = \frac{V_{i,k} - V_{i,k-1}}{2q_{k-1}}\left[\frac{p_{i-1}}{\mu_{i-1,k-1}} + \frac{p_i}{\mu_{i,k-1}}\right] . \tag{2.64d}$$

Auf der rechten Seite ist das Flächenintegral über der Stromdichte zu bilden. Die eingeprägte Stromdichte S_e ist entsprechend den vorausgesetzten Gebietseigenschaften in den Teilgebieten konstant. Das Integral ergibt pro Teilfläche eine Durchflutung, die gleich dem Produkt der Stromdichte $S_{e_{i,k}}$ mal einem Viertel der Teilfläche $A_{i,k}$ ist. Damit erhalten wir für das Flächenintegral im ersten Quadranten

$$\iint S_e\,dA = S_{e_{i,k}}\,\frac{p_i q_k}{4} . \tag{2.64e}$$

Die Bildung der anderen Teilintegrale ist analog. Werden alle Ausdrücke in Gl. (2.59) eingesetzt und ausmultipliziert, ergibt sich die Gleichung

$$\begin{aligned} &- N_{i,k}V_{i,k+1} - O_{i-1,k}V_{i-1,k} + M_{i,k}V_{i,k} - O_{i,k}V_{i+1,k} \\ &- N_{i,k-1}V_{i,k-1} = D_{i,k} \end{aligned} \tag{2.65}$$

mit den Abkürzungen

$$M_{i,k} = N_{i,k} + N_{i,k-1} + O_{i-1,k} + O_{i,k}$$

$$N_{i,k} = \frac{1}{2q_k}\left(\frac{p_i}{\mu_{i,k}} + \frac{p_{i-1}}{\mu_{i-1,k}}\right)$$

$$O_{i,k} = \frac{1}{2p_i}\left(\frac{q_k}{\mu_{i,k}} + \frac{q_{k-1}}{\mu_{i,k-1}}\right)$$

$$D_{i,k} = \frac{1}{4}\Big[S_{e_{i,k}} p_i q_k + S_{e_{i-1,k}} p_{i-1} q_k + S_{e_{i,k-1}} p_i q_{k-1} + S_{e_{i-1,k-1}} p_{i-1} q_{k-1}\Big] \quad . \qquad (2.66)$$

Für jeden Gitterpunkt erhält man eine Gleichung der Form Gl. (2.65). Die Gleichungen aller Gitterpunkte ergeben ein <u>lineares Gleichungssystem</u>

$$\underline{A}\,\underline{x} + \underline{b} = \underline{O} \quad .$$

Die Koeffizienten $M_{i,k}$, $O_{i,k}$, $N_{i,k}$ bilden die Elemente der Matrix $\underline{A}$, $-D_{i,k}$ und die Randpunkte mit ihren Koeffizienten den Vektor $\underline{b}$. Für ein einfaches Beispiel Bild 2.15, S.72, ist die Matrix in Bild 2.16, S.72, angegeben. Aus den Elementen der Matrix ist abzulesen, daß die <u>Bandmatrix symmetrisch</u> ist. Da jeweils fünf Punkte in einer Gleichung miteinander verknüpft sind, nennt man Gl. (2.65) auch die <u>"Fünf-Punkte-Formel"</u>. Die Zuordnung der Koeffizienten und der Vektorpotentiale ist in Bild 2.17, S.72, dargestellt. Die Koeffizienten sind von den Permeabilitäten und den geometrischen Abmessungen abhängig.

In der Literatur, z.B.[7], wird eine <u>"Neun-Punkte-Formel"</u> abgeleitet, die aus den Vektorpotentialen in den neun Punkten des in Bild 2.14 dargestellten Gitternetzausschnittes gebildet wird. Damit erhält man eine Taylor-Formel für die Nachbildung der Lösungsfunktion eines Teilgebietes, die auch zweite Ableitungen enthält und eine gekrümmte Fläche darstellt. Obwohl der Diskretisierungsfehler vom Grade $O(h^2)$ ist, also kleiner ist als bei der "Fünf-Punkte-Formel", wird die "Neun-Punkte-Formel" selten angewandt, da sie program-

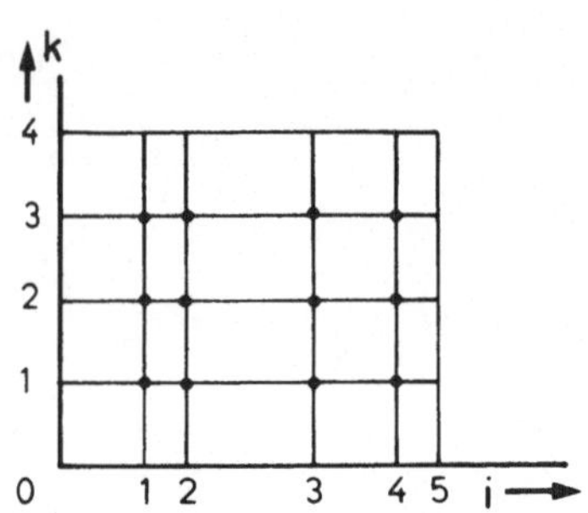

Bild 2.15 Gitternetz-Beispiel Rechenpunkte, alle anderen Gitterpunkte sind Randpunkte

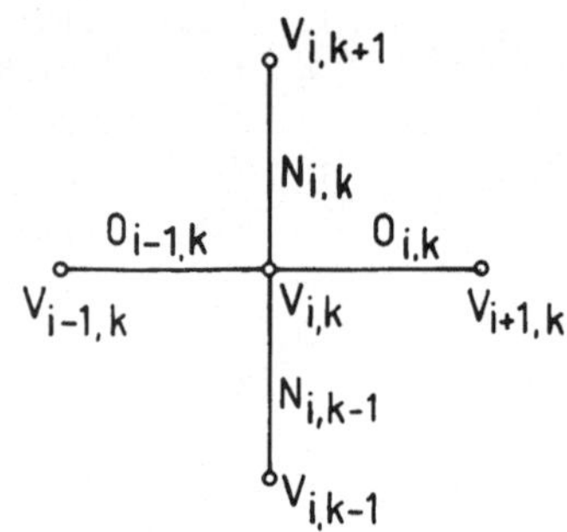

Bild 2.17 Zuordnung der Vektorpotentiale und Koeffizienten

k=	1				2				3				
i=	1	2	3	4	1	2	3	4	1	2	3	4	
	$M_{1,1}$	$-O_{1,1}$			$-N_{1,1}$								$-D_{1,1} - O_{0,1} V_{0,1} - N_{1,0} V_{1,0}$
	$-O_{1,1}$	$M_{2,1}$	$-O_{2,1}$			$-N_{2,1}$							$-D_{2,1} - N_{2,0} V_{2,0}$
		$-O_{2,1}$	$M_{3,1}$	$-O_{3,1}$			$-N_{3,1}$						$-D_{3,1} - N_{3,0} V_{3,0}$
			$-O_{3,1}$	$M_{4,1}$				$-N_{4,1}$					$-D_{4,1} - O_{4,1} V_{5,1} - N_{4,0} V_{4,0}$
	$-N_{1,1}$				$M_{1,2}$	$-O_{1,2}$			$-N_{1,2}$				$-D_{1,2} - O_{0,2} V_{0,2}$
		$-N_{2,1}$			$-O_{1,2}$	$M_{2,2}$	$-O_{2,2}$			$-N_{2,2}$			$-D_{2,2}$
			$-N_{3,1}$			$-O_{2,2}$	$M_{3,2}$	$-O_{3,2}$			$-N_{3,2}$		$-D_{3,2}$
				$-N_{4,1}$			$-O_{3,2}$	$M_{4,2}$				$-N_{4,2}$	$-D_{4,2} - O_{4,2} V_{5,2}$
					$-N_{1,2}$				$M_{1,3}$	$-O_{1,3}$			$-D_{1,3} - O_{0,3} V_{0,3} - N_{1,3} V_{1,4}$
						$-N_{2,2}$			$-O_{1,3}$	$M_{2,3}$	$-O_{2,3}$		$-D_{2,3} - N_{2,3} V_{2,4}$
							$-N_{3,2}$			$-O_{2,3}$	$M_{3,3}$	$-O_{3,3}$	$-D_{3,3} - N_{3,3} V_{3,4}$
								$-N_{4,2}$			$-O_{3,3}$	$M_{4,3}$	$-D_{4,3} - O_{4,3} V_{5,3} - N_{4,3} V_{4,4}$

Bild 2.16 Koeffizientenmatrix $\underline{A}$ und Vektor $\underline{b}$

miertechnisch aufwendiger ist und einen größeren Speicherplatz benötigt, die Genauigkeit der Rechnung aber nur unwesentlich besser ist.

2.4.2.1.2 Polarkoordinaten

In vielen praktischen Anwedungsfällen erlaubt die Verwendung von Polarkoordinaten eine bessere Anpassung des Gitternetzes an die vorgegebenen Konturen. Da keine grundsätzlichen Unterschiede gegenüber der Behandlung der Aufgabe im kartesischen System bestehen, können wir uns auf die wichtigsten Beziehungen beschränken.

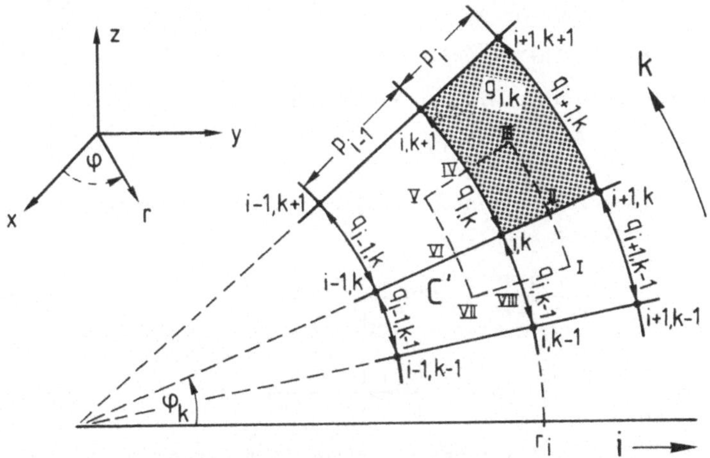

Bild 2.18 Koordinatensystem und Diskretisierung

Bei Polarkoordinaten gilt

$$\operatorname{rot}(\vec{e}_z\, V) = \vec{e}_r \frac{\partial V}{r\, \partial\varphi} - \vec{e}_\varphi \frac{\partial V}{\partial r} , \tag{2.67}$$

woraus für die Komponenten der Induktion folgt

$$B_r = \frac{\partial V}{r\, \partial\varphi} \qquad B_\varphi = - \frac{\partial V}{\partial r} . \tag{2.68}$$

Wird Gl. (2.67) und

$$d\vec{s} = \vec{e}_r \, dr + \vec{e}_\varphi \, r \, d\varphi \qquad (2.69)$$

in Gl. (2.55) eingesetzt, so erhält man für S_w=0 die Gleichung

$$\oint \frac{1}{\mu}\left(\frac{\partial V}{r\,\partial\varphi}\,dr - \frac{\partial V}{\partial r}\,r\,d\varphi\right) = \iint S_e \, dA \quad . \qquad (2.70)$$

In Bild 2.18, S.73, sind das Koordinatensystem und die Diskretisierung dargestellt. Die Koordinaten des Punktes i,k sind $r_i, r_i\varphi_k$. Die Abstände der Gitterpunkte entlang den Gitterlinien sind festgelegt durch

$$p_i = r_{i+1} - r_i \qquad (2.71a)$$

$$q_{i,k} = r_i(\varphi_{k+1} - \varphi_k) \quad . \qquad (2.71b)$$

Außerdem benötigen wir den Mittelwert

$$q_{m_{i,k}} = (q_{i,k} + q_{i+1,k})/2 \quad . \qquad (2.71c)$$

Als Differenzenquotienten erhalten wir die zum kartesischen System analogen Ausdrücke

$$B_{r_{i,k}} = \left.\frac{\partial V}{r\,\partial\varphi}\right|_{i,k} = \frac{V_{i,k+1} - V_{i,k}}{q_{i,k}} \qquad (2.72a)$$

$$B_{\varphi_{i,k}} = -\left.\frac{\partial V}{\partial r}\right|_{i,k} = -\frac{V_{i+1,k} - V_{i,k}}{p_i} \quad . \qquad (2.72b)$$

Die mittleren Induktionen berechnen sich daraus zu

$$B_{rm_{i,k}} = \frac{1}{2}\left[\frac{V_{i,k+1} - V_{i,k}}{q_{i,k}} + \frac{V_{i+1,k+1} - V_{i+1,k}}{q_{i+1,k}}\right] \qquad (2.73a)$$

$$B_{\varphi m_{i,k}} = -\frac{V_{i+1,k} - V_{i,k} + V_{i+1,k+1} - V_{i,k+1}}{2p_i} \quad . \qquad (2.73b)$$

Der für die magnetische Beanspruchung im Gebiet $g_{i,k}$ maßgebende Betrag der mittleren Induktion ist

$$B_{m_{i,k}} = \sqrt{B^2_{rm_{i,k}} + B^2_{\varphi m_{i,k}}} \quad . \qquad (2.73c)$$

Das Umlaufintegral der Gl.(2.70) wird um den Punkt i,k längs der gestrichelten Linie C' gebildet (Bild 2.18, S.73). Das erste Teilintegral hat die Form

$$\int_{I}^{III} - \frac{\partial V}{\partial r}\frac{r\,d\varphi}{\mu} = \frac{V_{i,k} - V_{i+1,k}}{2p_i}\left[\frac{q_{m_{i,k-1}}}{\mu_{i,k-1}} + \frac{q_{m_{i,k}}}{\mu_{i,k}}\right] . \qquad (2.74)$$

Alle anderen Anteile werden in gleicher Weise gebildet. Die Integration der rechten Seite erfolgt wie im vorangegangenen Abschnitt. Man erhält für das vollständige Integral die zu Gl. (2.65) analoge Gleichung, wobei die Abkürzungen hier folgende Bedeutung haben

$$N_{i,k} = \frac{1}{2q_{i,k}}\left(\frac{p_i}{\mu_{i,k}} + \frac{p_{i-1}}{\mu_{i-1,k}}\right)$$

$$O_{i,k} = \frac{1}{2p_i}\left(\frac{q_{m_{i,k-1}}}{\mu_{i,k-1}} + \frac{q_{m_{i,k}}}{\mu_{i,k}}\right) \qquad (2.75)$$

$$D_{i,k} = \frac{1}{4}(S_{e_{i,k}} p_i q_{m_{i,k}} + S_{e_{i-1,k}} p_{i-1} q_{m_{i-1,k}} + S_{e_{i-1,k-1}} p_{i-1} q_{m_{i-1,k-1}} + S_{e_{i,k-1}} p_i q_{m_{i,k-1}}) .$$

Die Gleichungen aller Gitterpunkte ergeben ein lineares Gleichungssytem. Hierzu gelten die gleichen Überlegungen wie bei kartesischen Koordinaten.

Als Anwendungsbeispiel ist in Bild 2.18b, S.76, das Feldbild für einen Querschnitt durch eine Synchronmaschine der homopolaren Bauart dargestellt. Die Nutdurchflutungen der Drehstromwicklung sind zum Zeitpunkt $\omega t=0$ in bezogenen Größen angegeben. Der für den Betriebspunkt notwendige Hauptfluß tritt am oberen Rand ein und am unteren aus.

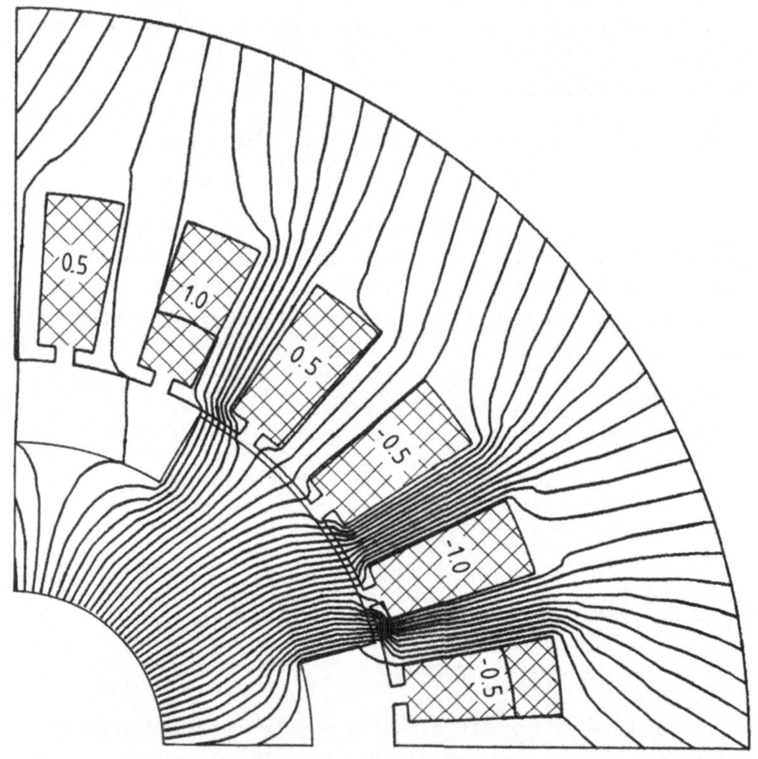

Bild 2.18b Homopolare Synchronmaschine

2.4.2.1.3 Zylinderkoordinaten

Wir beschränken uns auf den Fall der Rotationssymmetrie. Bild 2.19, S.77, zeigt das System der Zylinderkoordinaten. Liegt ein rotationssymmetrisches Problem vor, so kann dessen Beschreibung innerhalb einer Ebene, z.B. der y,z-Ebene, er-

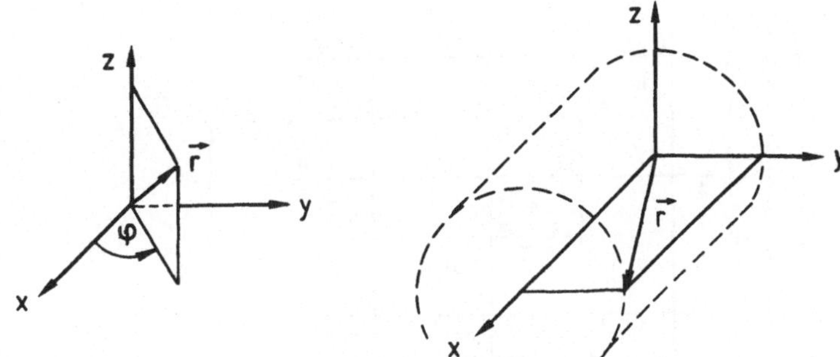

Bild 2.19 Zylinderkoordinaten Bild 2.20 Koordinatensystem

folgen, und die Abhängigkeit von x und φ entfällt. Um einen Vergleich mit dem kartesischen Koordinatensystem zu ermöglichen, wird das Koordinatensystem gedreht und die Bezeichnung der Koordinaten geändert (Bild 2.20). Die x-Koordinate bildet die Rotationsachse. Das magnetische Feld liegt in der x,y-Ebene. Stromdichte und Vektorpotential stehen senkrecht auf dieser Ebene und werden in z-Richtung positiv gewählt. Für dieses Koordinatensystem gilt

$$\operatorname{rot}(\vec{e}_z\ V) = \vec{e}_x \frac{\partial (y\ V)}{y\ \partial y} - \vec{e}_y \frac{\partial V}{\partial x} \quad , \tag{2.76}$$

woraus für die Komponenten der Induktion folgt

$$B_x = \frac{\partial (y\ V)}{y\ \partial y} \qquad\qquad B_y = -\frac{\partial V}{\partial x} \quad . \tag{2.77}$$

Die Ableitungen des Vektorpotentials im Punkt i,k lassen sich durch die Differenzengleichungen

$$B_{x_{i,k}} = \left.\frac{\partial (y\ V)}{y\ \partial y}\right|_{i,k} = \frac{V_{i,k+1}\ y_{k+1} - V_{i,k}\ y_k}{y_{m_k}\ q_k} \tag{2.78a}$$

$$B_{y_{i,k}} = -\left.\frac{\partial V}{\partial x}\right|_{i,k} = -\frac{V_{i+1,k} - V_{i,k}}{p_i} \tag{2.78b}$$

beschreiben. y_k ist der Radius zur Gitterlinie k (Bild 2.21, S. 78).

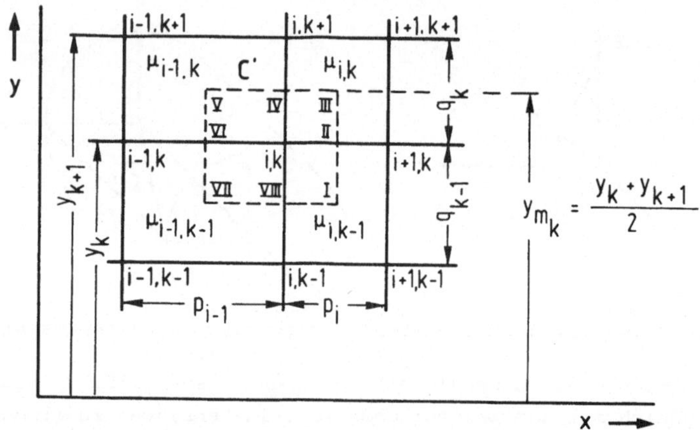

Bild 2.21 Diskretisierung

Die <u>Berechnung der Vektorpotentiale</u> erfolgt anhand der numerischen Integration der Gl. (2.55), die im vorliegenden Fall folgende Form hat

$$\oint \frac{1}{\mu}\left(\frac{\partial (y\ V)}{y\ \partial y}\ dx - \frac{\partial V}{\partial x}\ dy\right) = \iint S_e\ dA\ . \tag{2.79}$$

Das Umlaufintegral wird um den Punkt i,k längs der gestrichelten Linie C' in Bild 2.21 gebildet. Die ersten beiden Teilintegrale ergeben

$$\int_{I}^{III} - \frac{\partial V}{\partial x}\frac{dy}{\mu} = \frac{V_{i,k} - V_{i+1,k}}{2p_i}\left[\frac{q_{k-1}}{\mu_{i,k-1}} + \frac{q_k}{\mu_{i,k}}\right] \tag{2.80a}$$

$$\int_{III}^{V} - \frac{\partial (y\ V)}{y\ \partial y}\frac{dx}{\mu} = \frac{V_{i,k}\ y_k - V_{i,k+1}\ y_{k+1}}{2y_{m_k}\ q_k}\left[\frac{p_i}{\mu_{i,k}} + \frac{p_{i-1}}{\mu_{i-1,k}}\right]. \tag{2.80b}$$

Die beiden anderen Teilintegrale werden analog gebildet. Die rechte Seite des Integrals ergibt den gleichen Ausdruck wie im kartesischen Koordinatensystem. Man erhält dann für den Gitterpunkt i,k die <u>Differenzengleichung</u>

$$- N^+_{i,k} V^+_{i,k+1} - O^+_{i-1,k} V^+_{i-1,k} + M^+_{i,k} V^+_{i,k}$$

$$- O^+_{i,k} V^+_{i+1,k} - N^+_{i,k-1} V^+_{i,k-1} = D_{i,k} \quad , \tag{2.81}$$

mit den Abkürzungen

$$V^+_{i,k} = V_{i,k} y_k$$

$$M^+_{i,k} = O^+_{i,k} + N^+_{i,k} + O^+_{i-1,k} + N^+_{i,k-1}$$

$$N^+_{i,k} = \frac{1}{2 y_{m_k} q_k} \left(\frac{p_i}{\mu_{i,k}} + \frac{p_{i-1}}{\mu_{i-1,k}} \right) \tag{2.82}$$

$$O^+_{i,k} = \frac{1}{2 y_k p_i} \left(\frac{q_k}{\mu_{i,k}} + \frac{q_{k-1}}{\mu_{i,k-1}} \right) \quad .$$

$D_{i,k}$ kann aus Gl. (2.66) entnommen werden. Durch die Einführung der Größe $V^+_{i,k}$ wird erreicht, daß die Koeffizientenmatrix des aus den Gln. (2.81) gebildeten Gleichungssystems symmetrisch wird. Die mittleren Induktionskomponenten ergeben sich mit dieser Definition zu

$$B_{xm_{i,k}} = \frac{V^+_{i,k+1} + V^+_{i+1,k+1} - V^+_{i,k} - V^+_{i+1,k}}{2 y_{m_k} q_k} \tag{2.83a}$$

$$B_{ym_{i,k}} = \frac{V^+_{i,k} - V^+_{i+1,k}}{2 y_k p_i} + \frac{V^+_{i,k+1} - V^+_{i+1,k+1}}{2 y_{k+1} p_i} \quad . \tag{2.83b}$$

Für die Flußkomponenten erhält man mit Gl. (2.78a,b)

$$\phi_x = \iint B_x \, dA = 2\pi \int_{y_1}^{y_2} dV^+ = 2\pi \left[V^+(x,y_2) - V^+(x,y_1) \right] \tag{2.84a}$$

$$\phi_y = \iint B_y \, dA = - 2\pi \int_{x_1}^{x_2} dV^+ = - 2\pi \left[V^+(x_2,y) - V^+(x_1,y) \right] . \tag{2.84b}$$

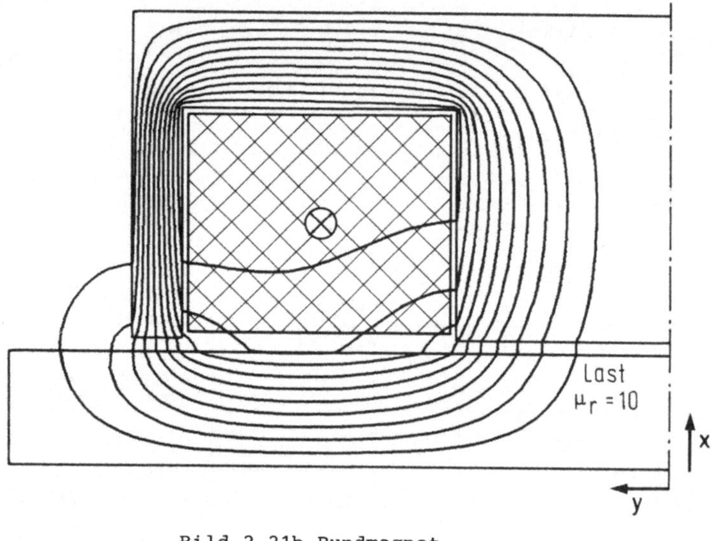

Bild 2.21b Rundmagnet

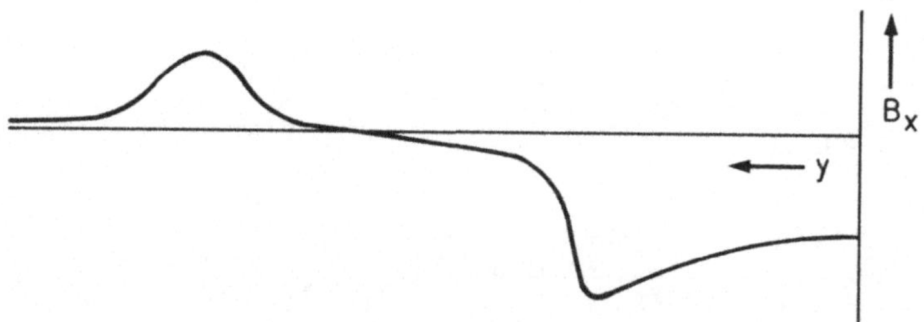

Bild 2.21c Induktionsverteilung

In Bild 2.21b ist das Feld eines Rundmagneten und in Bild 2.21c die Induktionsverteilung der Komponente B_x an der Oberfläche der Last dargestellt. Die Magneten werden als Lasthebemagneten eingesetzt. Die Last, die z.B. aus Schrott bestehen kann, ist durch eine Platte mit der relativen Permeabilität μ_r=10 ersetzt.

2.4.2.1.4 Rand-, Symmetrie-, Periodizitäts- und Übergangsbedingungen

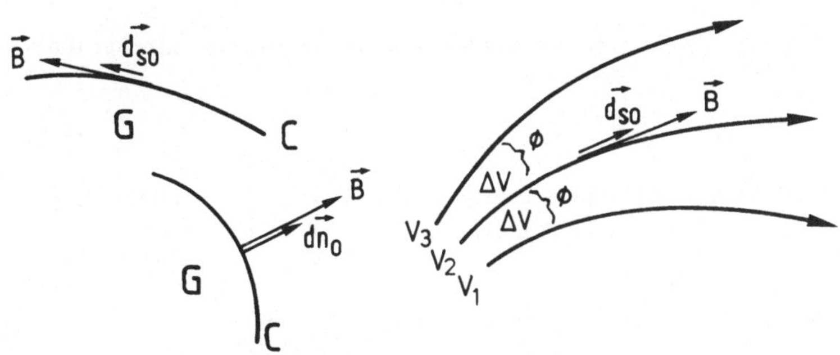

Bild 2.22 Normal- und Tangentialkomponente des Feldes am Rand

Bild 2.23 Zur Definition der Feldlinie

In der Darstellung von Bild 2.22 verläuft das magnetische Feld, beschrieben durch die Induktion $\vec{B}$, entweder tangential in Richtung des Wegelementes $d\vec{s}_o$ der Randkurve C oder in Richtung der Normalen $d\vec{n}_o$. In der Vektorrechnung wird gezeigt, daß das Vektorprodukt zweier Vektoren Null ist, wenn beide die gleiche Richtung haben. Wir können daher die Bedingungsgleichungen angeben

$$d\vec{n}_o \times \vec{B} = 0 \qquad\qquad d\vec{s}_o \times \vec{B} = 0 \quad . \tag{2.85}$$

Beschränken wir uns zunächst auf kartesische Koordinaten, so erhält man mit der Definition des Einheitsvektors

$$d\vec{s}_o = \frac{d\vec{s}}{|d\vec{s}|} = \frac{d\vec{s}}{ds}$$

und den Komponenten für $d\vec{s}_o$ und $\vec{B}$

$$d\vec{s}_o = \vec{e}_x \frac{dx}{ds} + \vec{e}_y \frac{dy}{ds}$$

$$\vec{B} = \vec{e}_x \frac{\partial V}{\partial y} - \vec{e}_y \frac{\partial V}{\partial x}$$

für das Vektorprodukt

$$d\vec{s}_o \times \vec{B} = -\vec{e}_z\left(\frac{dx}{ds}\frac{\partial V}{\partial x} + \frac{dy}{ds}\frac{\partial V}{\partial y}\right) = 0 \quad ,$$

woraus mit dem totalen Differential von V(x,y) unmittelbar folgt

$$\frac{dV}{ds} = 0 \quad . \tag{2.86a}$$

Verläuft das Feld parallel zum Rand, dann ist das Vektorpotential auf dem Rand konstant

$$V = \text{const.} \tag{2.86b}$$

Eine analoge Rechnung führt mit

$$d\vec{n}_o = \vec{e}_x \frac{dx}{dn} + \vec{e}_y \frac{dy}{dn}$$

zu der Bedingung

$$\frac{dV}{dn} = 0 \quad . \tag{2.87}$$

Steht das Feld auf dem Rand senkrecht, dann ändert sich das Vektorpotential senkrecht zum Rand nicht, es ist zum Rand spiegelbildlich gleich.

Durch ein Feldlinienbild ist eine anschauliche Beschreibung eines Feldes möglich. Die Feldliniendichte charakterisiert die Intensität des Feldes, während die Richtung des Wegelementes $d\vec{s}$ einer Feldlinie die Richtung des Feldes an einer bestimmten Stelle angibt, d.h. $d\vec{s}_o$ und $\vec{B}$ haben die gleiche Richtung (Bild 2.23, S.81). Daraus folgt aber die Bedingung

$$d\vec{s}_o \times \vec{B} = 0 \quad ,$$

was aufgrund der vorangegangenen Erläuterungen gleichbedeutend ist mit

$$\frac{\partial V}{\partial s} = 0 \quad .$$

<u>Längs einer Feldlinie</u> ist das <u>Vektorpotential konstant</u>. Damit besteht die Möglichkeit, im Anschluß an die Berechnung

der Vektorpotentialverteilung durch Verbindung von Punkten gleichen Potentials ein Feldlinienbild zu zeichnen. Der Fluß zwischen zwei Feldlinien ist gleich der Differenz der für die Feldlinien charakteristischen Vektorpotentiale (Bild 2.23, S.81).

Für Polar- und Zylinderkoordinaten ergeben sich die analogen Bedingungen. Bei Zylinderkoordinaten ist allerdings anstelle von V die durch Gl. (2.82) definierte Größe V^+ einzusetzen.

Die bei der partiellen Differentialgleichung 2.Ordnung vom elliptischen Typ gültigen Randbedingungen wurden in Abschnitt 2.1 besprochen. Die praktische Anwendung der in den Gln. (2.86a) und (2.87) gefundenen Bedingungen läßt sich am einfachsten anhand kleiner Beispiele erläutern.

Soll das magnetische Feld des Magneten nach Bild 2.24, S.84, berechnet werden, so wird man aus Symmetriegründen das Integrationsgebiet auf eine Hälfte beschränken können. Die Feldlinien umfassen die Durchflutung und verlaufen innerhalb des Gebietes G, so daß der Rand C selbst eine Feldlinie bildet, und für das Vektorpotential die Bedingung Gl. (2.86b) erfüllt sein muß. Da der absolute Wert des Vektorpotentials ohne Bedeutung ist, können wir auf dem Rand V=O vorschreiben. In Bild 2.24, S.84, sind zwei Schnittlinien a und b eingezeichnet. In den Diagrammen ist der Verlauf des Vektorpotentials und der Induktionskomponenten B_x und B_y, die senkrecht zu der jeweiligen Linie stehen, dargestellt. Der Abstand des Randes C von der Eisenkontur des Magneten sollte so groß sein, daß die Induktion am Rand hinreichend klein ist.

Bild 2.25, S.84, zeigt ein symmetrisches Problem, bei dem das Integrationsgebiet ebenfalls auf die Hälfte beschränkt werden kann. Die Randbedingungen sind auf dem Rand C unterschiedlich. Auf der strichpunktierten Linie der Randkurve C steht das Feld senkrecht, dort gilt die Bedingung $\partial V/\partial n=0$, während der durchgezogene Teil der Randlinie eine Feldlinie

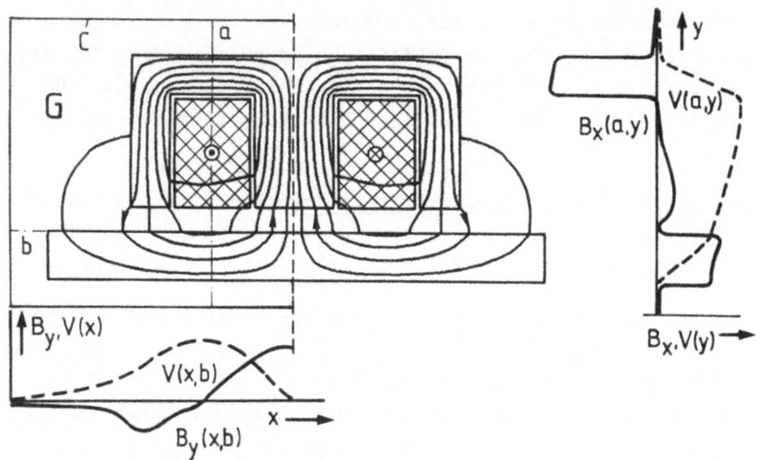

Bild 2.24 Symmetrisches Feld

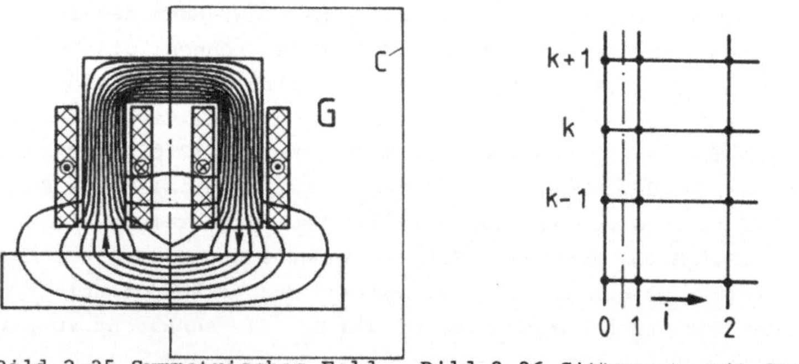

Bild 2.25 Symmetrisches Feld

Bild 2.26 Gitternetz mit Symmetrielinie

ist. In diesem Abschnitt von C ist V=0 vorgeschrieben.

Zur rechentechnischen Realisierung der Symmetriebedingung $\partial V/\partial n=0$ wird das Gitternetz so ausgelegt, daß die Symmetrielinie zwischen den Linien i=0 und i=1 liegt (Bild 2.26). Bei iterativer Lösung (Punkt- oder Blockrelaxation) werden nach jedem Zyklus die berechneten Potentialwerte auf der Linie i=1 den Randpunkten auf der Linie i=O zugewiesen, d.h. es wird $V_{O,k}=V_{1,k}$ gesetzt, womit die Symmetriebedingung, daß das Vektorpotential sich senkrecht zum Rand nicht ändern soll, erzwungen wird.

Bei direkter Lösung ist eine Änderung der Koeffizientenmatrix erforderlich. Gl. (2.65) hat für die Punkte 1,k die Form

$$\begin{aligned} &- N_{1,k}V_{1,k+1} - O_{O,k}V_{O,k} + M_{1,k}V_{1,k} - O_{1,k}V_{2,k} \\ &- N_{1,k-1}V_{1,k-1} = D_{1,k} \quad . \end{aligned} \tag{2.88a}$$

Die Symmetriebedingung

$$V_{O,k} = V_{1,k} \tag{2.88b}$$

erlaubt die Zusammenfassung des zweiten und dritten Summanden, wenn man den Koeffizienten

$$M'_{1,k} = M_{1,k} - O_{O,k} \tag{2.88c}$$

bildet und $V_{O,k}$ eliminiert. Die Berücksichtigung einer Symmetriebedingung wird im Rechenprogramm erreicht, indem nach der Berechnung der Koeffizienten $M_{i,k}$, $N_{i,k}$ und $O_{i,k}$ eine Neuzuweisung für die Koeffizienten $M'_{1,k}$ erfolgt. Nach Lösung des Gleichungssystems wird den Gitterpunkten auf der Linie i=O entsprechend Gl. (2.88b) der Wert $V_{1,k}$ zugewiesen. Symmetriebedingungen am rechten oberen oder unteren Rand können analog behandelt werden.

Wenn ein magnetischer Fluß das Gebiet G durchdringt, dann ist eine entsprechende Flußverteilung V(s) auf dem Rand C anzugeben. Dabei kann auch die aufgeprägte Stromdichte Null sein, so daß es sich um ein Potentialfeld handelt, und die Feldverteilung ausschließlich durch die Randbedingungen angeregt wird. Auf dem Rand muß $\oint \vec{B}\, d\vec{s}=0$ erfüllt sein.

Ein typisches Beispiel des Elektromaschinenbaus zeigt Bild 2.27, S.86. Das Feld wiederholt sich nach zwei Polteilungen, so daß das Vektorpotential an den beiden Seitenrändern gleich

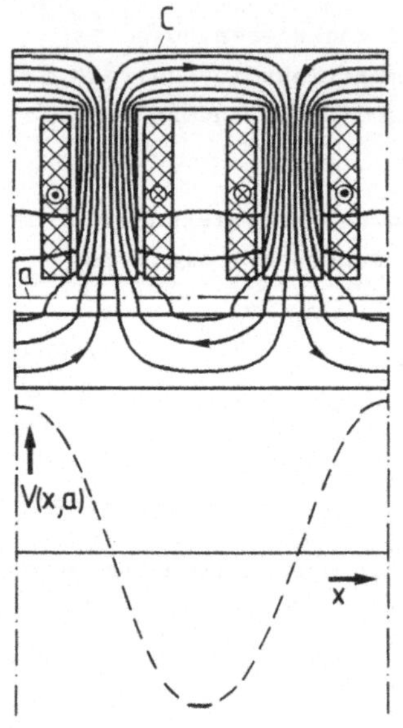

Bild 2.27 Periodisches Feld

sein muß, während die Außenränder wieder mit einer Feldlinie zusammenfallen. Die Periodizitätslinien sollten dort liegen, wo das Vektorpotential ungleich Null ist, da sonst numerische Fehler auftreten können. In Bild 2.27 wären also Periodizitätslinien, die durch die Polmitte gehen, ungünstig. Der Rand C des Definitionsgebietes ist in Bild 2.27 mit der Eisenkontur identisch angenommen worden. Der dadurch auftretende Fehler ist in der Regel vernachlässigbar, wenn das Eisen nicht vollständig gesättigt ist.

Die rechentechnische Erfüllung einer Periodizitätsbedingung wollen wir an einem einfachen Beispiel zeigen. In Bild 2.28, S.87, ist ein Gitternetzausschnitt dargestellt. In x-Richtung sind I Gitterlinien vorhanden. Wegen der geforderten Periodizität sind die Punkte der Linie i=1 auch mit solchen der Linie i=I verknüpft. In Gl. (2.88a) ist der zweite Summand durch $-O_{I,k}V_{I,k}$ zu ersetzen. Aus dem Bild 2.29, S.87, ist zu entnehmen, daß die durch die Periodizität bedingte Verknüpfung der Linien i=1 und i=I zusätzliche Elemente in der Koeffizientenmatrix bewirkt. Die spaltenweise Abspeicherung hat eine wesentliche Verbreiterung der Koeffizientenmatrix zur Folge und kommt deshalb in dieser Form bei direkter Lösung nicht in Frage. Ist jedoch I>2(K-1), dann führt eine Spalten- und Zeilenvertauschung zu einer kleineren Bandmatrix. In Bild 2.30, S.88, ist die Struktur einer solchen Matrix für K=4 und I=7 aufgezeichnet. Die Koeffizienten bleiben unverändert, es ändert sich nur die Reihenfolge der Gleichungen.

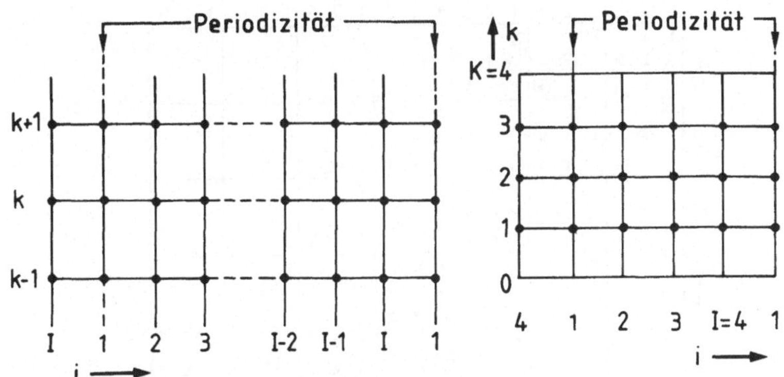

Bild 2.28 Gitternetz mit Periodizität, • Rechenpunkte
a) Ausschnitt b) Beispiel für I=4, K=4

k	1				2				3			
i	1	2	3	4	1	2	3	4	1	2	3	4
1	x	x		⊙	x							
2	x	x	x			x						
3		x	x	x			x					
4	⊙		x	x				x				
1	x				x	x		⊙	x			
2		x			x	x	x			x		
3			x			x	x	x			x	
4				x	⊙		x	x				x
1					x				x	x		⊙
2						x			x	x	x	
3							x			x	x	x
4								x	⊙		x	x

i	1			2			3			4		
k	1	2	3	1	2	3	1	2	3	1	2	3
1	x	x		x						⊙		
2	x	x	x		x						⊙	
3		x	x			x						⊙
1	x			x	x		x					
2		x		x	x	x		x				
3			x		x	x			x			
1				x			x	x		x		
2					x		x	x	x		x	
3						x		x	x			x
1	⊙						x			x	x	
2		⊙						x		x	x	x
3			⊙						x		x	x

Bild 2.29 Matrixstruktur des Beispiels nach Bild 2.28b.
Die mit Punkten gekennzeichneten Elemente treten bei Periodizität auf.

i	1			7			2			6			3			5			4		
k	1	2	3	1	2	3	1	2	3	1	2	3	1	2	3	1	2	3	1	2	3
1	x	x		⊙			x														
2	x	x	x		⊙			x													
3		x	x			⊙			x												
1	⊙			x	x					x											
2		⊙		x	x	x					x										
3			⊙		x	x						x									
1	x						x	x					x								
2		x					x	x	x					x							
3			x					x	x						x						
1				x						x	x					x					
2					x					x	x	x					x				
3						x					x	x						x			
1							x						x	x					x		
2								x					x	x	x					x	
3									x					x	x						x
1										x						x	x		⊙		
2											x					x	x	x		⊙	
3												x					x	x			⊙
1													x			⊙			x	x	
2														x			⊙		x	x	x
3															x			⊙		x	x

Bild 2.30 Spaltenvertauschung bei I=7, K=4

Bei iterativer Lösung des Gleichungssystems werden die zusätzlichen Summanden einer Gleichung auf die rechte Seite gebracht und nach jedem Zyklus durch Wertzuweisung berücksichtigt. Werden die Gleichungen nach Bild 2.29, S.87, abgearbeitet, wird dadurch die tridiagonale Bandstruktur der Block - Diagonal - Matrizen nicht zerstört, was bei Verwendung der Blockrelaxation von Vorteil ist.

Die beiden Maxwellschen Gleichungen schreiben an Materialgrenzen als Übergangsbedingungen vor, daß die Normalkomponente der Induktion und die Tangentialkomponente der Feldstärke stetig übergehen (Bild 2.31, S.89). Ist beispielsweise ein Übergang Eisen - Luft vorhanden, dann wird die Einteilung des Gitternetzes so vorgenommen, daß das Gitternetz mit der Eisenkontur zusammenfällt, damit die Gebietseigenschaften $\mu_{i,k}$

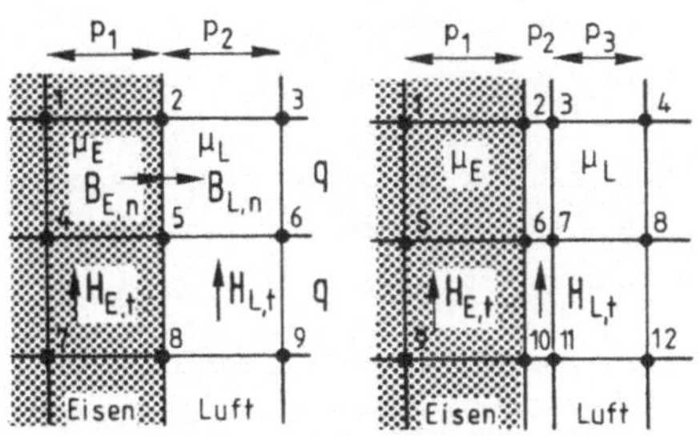

Bild 2.31 Normalkomponente der Induktion und Tangentialkomponente der Feldstärke

in den Teilgebieten $g_{i,k}$ konstant sind. Die Bedingung $B_{E,n}=B_{L,n}$ ist in jedem Fall erfüllt, da die Induktion an der Trennlinie aus den Differenzen der beiden Vektorpotentiale V_2 und V_5 berechnet wird, während sich die Tangentialkomponenten $H_{E,t}$ und $H_{L,t}$ aus den Schwerpunktskomponenten ergeben. Da sich die Tangentialkomponente insbesondere in Luft im Abstand von der Trennlinie schnell ändert, ist zur genauen Nachbildung des Feldverlaufs eine zusätzliche Gitterlinie in unmittelbarer Nähe der Eisenkontur erforderlich. Wenn viele solcher Übergänge vorhanden sind, kann dadurch die Zahl der Rechenpunkte erheblich ansteigen. Die Erfahrung zeigt jedoch, daß die Berechnung des Gesamtfeldes davon in der Regel nur unwesentlich beeinflußt wird. Die Einführung der zusätzlichen Gitterlinien sollte daher nur dort erfolgen, wo eine besonders gute Nachbildung des Feldes gewünscht wird (Beispiel 9).

Die hier ausführlich dargestellten Überlegungen für kartesische Koordinaten gelten in analoger Weise auch für Polar- und Zylinderkoordinaten.

2.4.2.1.5 Lösung des Gleichungssystems

Die Lösung der in den vorausgegangenen Abschnitten aufgestellten Gleichungssysteme erfolgt mit Hilfe der in Abschnitt 1 beschriebenen mathematischen Methoden. Die Art des Lösungsverfahrens wird durch zwei Eigenschaften der Gleichungssyteme bestimmt:

a) Die Zahl der Gleichungen ist in der Regel groß,
b) die Koeffizienten sind nicht konstant, da die Permeabilität sättigungsabhängig ist.

Je nach Anzahl der Gitterpunkte und der zu ihrer Bearbeitung zur Verfügung stehenden Rechenanlage wird man ein Eliminations- oder ein Iterationsverfahren wählen.

Da die Koeffizientenmatrix eine symmetrische Bandmatrix ist, wird man bei direkter Lösung das Cholesky-Verfahren anwenden. Dabei ist die Reihenfolge der Gleichungen so zu wählen, daß die Bandbreite möglichst klein wird. Bei großen Rechenanlagen mit Hintergrundspeicher besteht die Möglichkeit, auch große Gleichungssyteme mit dem Cholesky-Verfahren zu lösen, da das System abschnittsweise durch Austausch zwischen Kern- und Hintergrundspeicher bearbeitet werden kann.

Bei iterativer Lösung ist auf jeden Fall eine Konvergenzbeschleunigung erforderlich. In Abschnitt 1.3.6 und 2.3.3 werden die mathematisch begründeten Methoden der Überrelaxation erläutert. Sie können hier zur Lösung des Gleichungssystems herangezogen werden. Eine physikalisch begründete Methode der Konvergenzbeschleunigung läßt sich aus dem Durchflutungsgesetz ableiten, [17].

Die mittlere Permeabilität $\mu_{i,k}$ eines Teilgebietes wird aus dem Mittelwert der Induktion $B_{m_{i,k}}$ und der Magnetisierungskennlinie berechnet, siehe hierzu auch Beispiel 15. Die Permeabilität kann sich um mehrere Zehnerpotenzen ändern, was sich ungünstig auf die Konvergenz der Lösung des Gleichungssystems mit nicht konstanten Koeffizienten auswirkt. Daher ist eine der in Abschnitt 1.4 besprochenen Methoden zu verwenden.

In Abschnitt 1.3.10 wurde die Frage der "Abbruchkriterien" diskutiert. Bei Lösung des Gleichungssystems mit Überrelaxation bietet sich die Anwendung der Gl. (1.80) an, da der Zähler dieser Gleichung ohnehin zur Bestimmung des Überrelaxationsfaktors berechnet werden muß.

2.4.2.2 Zeitlich veränderliche Felder, Wirbelstromprobleme

Von zeitlich veränderlichen Magnetfeldern werden nach dem 2. Maxwellschen Satz elektrische Felder induziert, die in Stoffen mit elektrischer Leitfähigkeit Wirbelströme zur Folge haben, deren Wirkung insbesonders bei räumlich ausgedehnten Leitern nicht zu vernachlässigen ist. Im Differenzenverfahren werden die Wirbelströme durch den Anteil

$$\iint - \kappa \frac{\partial V}{\partial t} \, dt$$

des Integrals Gl. (2.55) berücksichtigt. Zur Integration nehmen wir als einfachste Näherung an, daß die innerhalb des Umlaufs C' (Bild 2.14, S.69) flächenhaft verteilten Wirbelströme im Punkt i,k konzentriert sind

$$S_{w_{i,k}} = - \kappa_{i,k} \frac{\partial V_{i,k}}{\partial t} \quad . \qquad (2.89)$$

Die Differenzengleichung (2.65) ist auf der rechten Seite durch den Anteil

$$- F_{i,k} \frac{\partial V_{i,k}}{\partial t} \qquad (2.90a)$$

zu ergänzen mit dem Koeffizienten

$$F_{i,k} = \frac{1}{4}\left[\kappa_{i,k} p_i q_k + \kappa_{i-1,k} p_{i-1} q_k + \kappa_{i-1,k-1} p_{i-1} q_{k-1} + \kappa_{i,k-1} p_i q_{k-1} \right] \quad . \qquad (2.90b)$$

Wenn die magnetische Permeabilität als unveränderlich angenommen wird, sind die Koeffizienten der Gl. (2.65) konstant. Die besondere Vereinfachung dieser Annahme liegt darin, daß in diesem Fall Ströme und Felder proportional sind, sinusförmige Wechselströme auch nur sinusförmige Wechselfelder erregen. Dadurch ist die Einführung der komplexen Größen

$$S = \mathrm{Re}\{\underline{S}\ e^{j\omega t}\} \qquad\qquad V = \mathrm{Re}\{\underline{V}\ e^{j\omega t}\}$$

und die Elimination der Zeitabhängigkeit möglich

$$- N_{i,k}\underline{V}_{i,k+1} - O_{i-1,k}\underline{V}_{i-1,k} + \underline{M}'_{i,k}\underline{V}_{i,k}$$
$$- O_{i,k}\underline{V}_{i+1,k} - N_{i,k-1}\underline{V}_{i,k-1} = D_{i,k} \ . \qquad (2.91)$$

In der Hauptdiagonalen der Koeffizientenmatrix steht das komplexe Element

$$\underline{M}'_{i,k} = M_{i,k} + j\omega F_{i,k} \ , \qquad (2.92)$$

während alle anderen Elemente reell bleiben. Die Gleichungen aller Rechenpunkte bilden ein komplexes Gleichungssystem

$$\underline{\underline{A}}\ \underline{x} + \underline{b} = \underline{0} \ . \qquad (2.93)$$

Zur Lösung des Gleichungssystems kann ein Eliminationsverfahren in komplexer Form, z.B. nach Cholesky, herangezogen werden. Erlaubt die verwendete Programmsprache keine Darstellung im Komplexen, so ist eine Zerlegung in reelle Teilmatrizen erforderlich

$$(\underline{A}_r + j\underline{A}_i)(\underline{x}_r + j\underline{x}_i) + (\underline{b}_r + j\underline{b}_i) = \underline{0} \ . \qquad (2.94a)$$

Man erhält zwei reelle Gleichungssysteme, die sich in der Form

$$\begin{bmatrix} \underline{A}_r & -\underline{A}_i \\ \underline{A}_i & \underline{A}_r \end{bmatrix} \begin{bmatrix} \underline{x}_r \\ \underline{x}_i \end{bmatrix} + \begin{bmatrix} \underline{b}_r \\ \underline{b}_i \end{bmatrix} = \underline{0} \qquad (2.94b)$$

darstellen lassen. Bei großen Gleichungssystemen wird mit Rücksicht auf den Speicherplatzbedarf eine iterative Lösung der Gl. (2.94b) vorzuziehen sein, wobei eine Punkt- oder Blocküberrelaxation möglich ist. In [31] wird die Lösung des Gleichungssystems mit komplexen Variablen unter Verwendung eines komplexen Überrelaxationsfaktors gezeigt, worauf wir hier nicht eingehen können.

Nach Lösung des Gleichungssystems lassen sich die den Gitterpunkten zugeordneten Wirbelströme

$$\underline{S}_{w_{i,k}} = - j\omega F_{i,k}\underline{V}_{i,k} \tag{2.95}$$

nach Betrag und Phase berechnen.

Bei nichtkonstanter Permeabilität sind Ströme und Felder nicht proportional, so daß das Vektorpotential als Lösungsfläche seine Gestalt in Abhängigkeit von der Zeit ändert und nur durch schrittweise Integration der sich aus den Gln. (2.65) und (2.90a) ergebenden Beziehung

$$\begin{aligned} F_{i,k} \frac{\partial V_{i,k}}{\partial t} &= N_{i,k}V_{i,k+1} + O_{i-1,k}V_{i-1,k} - M_{i,k}V_{i,k} \\ &+ O_{i,k}V_{i+1,k} + N_{i,k-1}V_{i,k-1} + D_{i,k} \equiv R_{i,k} \end{aligned} \tag{2.96}$$

berechnet werden kann. $R_{i,k}$ ist eine Abkürzung für die rechte Seite. Der Differentialquotient $\partial V_{i,k}/\partial t$ wird durch den Differenzenquotienten

$$\frac{V_{i,k}^{(\nu+1)} - V_{i,k}^{(\nu)}}{\Delta t} \tag{2.97}$$

angenähert (Abschnitt 2.3.1). Der hochgestellte Index (ν) bezeichnet den Zustand zum Zeitpunkt t und der Index (ν+1) den zum Zeitpunkt t+Δt. Zur Berechnung der Potentiale $V_{i,k}^{(\nu+1)}$ verwenden wir ein implizites Verfahren (Abschnitt 2.3.2), das der Trapezregel (Abschnitt 4.1) entspricht

$$F_{i,k} \frac{V_{i,k}^{(\nu+1)} - V_{i,k}^{(\nu)}}{\Delta t} = \frac{1}{2}\left(R_{i,k}^{(\nu+1)} + R_{i,k}^{(\nu)}\right) \quad , \tag{2.98}$$

da auf der rechten Seite der Mittelwert zwischen dem alten und neuen Zustand gebildet wird. Aus $R_{i,k}^{(\nu+1)}$ und $R_{i,k}^{(\nu)}$ lassen sich die Vektorpotentiale $V_{i,k}^{(\nu+1)}$ und $V_{i,k}^{(\nu)}$ ausklammern, so daß man mit den Abkürzungen

$$M'^{(\nu+1)}_{i,k} = M^{(\nu+1)}_{i,k} + \frac{2}{\Delta t} F_{i,k} \qquad (2.99a)$$

$$M'^{(\nu)}_{i,k} = M^{(\nu)}_{i,k} - \frac{2}{\Delta t} F_{i,k} \qquad (2.99b)$$

die Gleichung erhält

$$\Big[- N_{i,k}V_{i,k+1} - O_{i-1,k}V_{i-1,k} + M'_{i,k}V_{i,k} - O_{i,k}V_{i+1,k} - N_{i,k-1}V_{i,k-1}\Big]^{(\nu+1)} =$$

$$D^{(\nu+1)}_{i,k} + \Big[N_{i,k}V_{i,k+1} + O_{i-1,k}V_{i-1,k} - M'_{i,k}V_{i,k} + O_{i,k}V_{i+1,k} + N_{i,k-1}V_{i,k-1} + D_{i,k}\Big]^{(\nu)} . \qquad (2.100a)$$

Diese Beziehung gilt für alle Rechenpunkte und ergibt ein Gleichungssystem mit nichtkonstanten Elementen

$$\underline{A}(\underline{x}^{(\nu+1)})\ \underline{x}^{(\nu+1)} + \underline{b}_1(\underline{x}^{(\nu+1)}) + \underline{b}_2(\underline{x}^{(\nu)}) + \underline{b}_3^{(\nu+1)} = 0 \ . \qquad (2.100b)$$

$\underline{A}$, $\underline{b}_1$ und $\underline{b}_2$ müssen nach den in Abschnitt 1.4 gezeigten Methoden iterativ angepaßt werden. $\underline{A}$ enthält die Koeffizienten der linken Seite von Gl. (2.100a). $\underline{b}_1$ wird von den Produkten Koeffizient mal Vektorpotential gebildet, die zu den Randpunkten gehören. $\underline{b}_2$ folgt aus der rechteckigen Klammer der Gl. (2.100a) und $\underline{b}_3$ wird durch die gegebenen Stromdichten $D^{(\nu+1)}_{i,k}$ besetzt.

Nach der Berechnung der Vektorpotentiale folgt die Stromdichte $S_{w_{i,k}}$ aus den Werten zweier aufeinanderfolgender Zeitschritte.

Periodische Vorgänge müssen über einen Einschwingvorgang berechnet werden. Als Anfangswert kann das Vektorpotential entweder zu Null angenommen oder durch eine bekannte Näherung ersetzt werden.

2.4.3 Methode der finiten Elemente

Dieses Verfahren geht auf die in Abschnitt 5.2 in ihren Grundzügen dargestellte numerische Lösung eines Variationsintegrals zurück. In der Strukturmechanik ist diese Methode zu einem universellen Instrument entwickelt worden, mit dem Festigkeitsprobleme in allen Bereichen der Mechanik untersucht werden [11]. Die Anwendung auf die Berechnung magnetischer Felder wurde von A n d e r s o n und S y l v e s t e r in verschiedenen Aufsätzen gezeigt [12, 13]. Wie aus der folgenden grundsätzlichen Darstellung hervorgeht, ist der theoretische und programmiertechnische Aufwand wesentlich größer als beim Differenzenverfahren. Der Vorteil liegt in der Möglichkeit einer besseren Anpassung der Diskretisierung an die Geometrie. Außerdem kommt man in der Regel mit einer kleineren Anzahl von Rechenpunkten aus. Die Auswahl des Lösungsverfahrens wird daher von der gegebenen Aufgabe abhängen und nicht zuletzt von dem zur Verfügung stehenden Programm.

2.4.3.1 Zeitlich konstante Felder

Die Berechnung des magnetischen Feldes in einem abgeschlossenen Gebiet G erfolgt anhand des in Abschnitt 5 abgeleiteten Variationsintegrals

$$J = \iint F(x,y,u,u_x,u_y)\ dx\ dy + \oint R(s,u,u_s)\ ds \qquad (2.101a)$$

mit den natürlichen Randbedingungen

$$F_{u_x} \frac{dy}{ds} - F_{u_y} \frac{dx}{ds} + R_u - \frac{d}{ds} R_{u_s} = 0 \quad . \qquad (2.101b)$$

Im vorliegenden Fall ist die Grundfunktion F gleich der Lagrange'schen Energiedichte des magnetischen Feldes

$$F = \frac{1}{2\mu} B^2 - S\ V = \frac{1}{2\mu}\left[\left(\frac{\partial V}{\partial x}\right)^2 + \left(\frac{\partial V}{\partial y}\right)^2\right] - S\ V \quad , \qquad (2.102a)$$

und die Randfunktion hat die Form

$$R = \frac{1}{2}\,\alpha(s)\,V^2 - \gamma(s)\,V \quad . \tag{2.102b}$$

Den Zusammenhang mit der Randwertaufgabe erhält man durch Einsetzen von F in die Euler'sche Differentialgleichung (5.40), womit sich die Poisson-Gleichung ergibt. Die zugehörige Differentialgleichung für die Randbedingungen folgt aus Gl. (2.101b) durch Einsetzen von F und R

$$\frac{1}{\mu}\frac{\partial V}{\partial x}\frac{dy}{ds} - \frac{1}{\mu}\frac{\partial V}{\partial y}\frac{dx}{ds} + \alpha V - \gamma = 0 \quad . \tag{2.103a}$$

Die ersten beiden Terme lassen sich zusammenfassen, wenn man die Gleichungen

$$\frac{dy}{ds} = \frac{dx}{dn} \qquad\qquad \frac{dx}{ds} = -\frac{dy}{dn}$$

berücksichtigt, die sich aus den geometrischen Beziehungen zwischen Normalenvektor und Tangentialvektor der Randkurve C ergeben. Damit geht Gl. (2.103a) über in

$$\frac{1}{\mu}\frac{\partial V}{\partial n} + \alpha V = \gamma \quad . \tag{2.103b}$$

Ist das Vektorpotential auf dem Rand Null (Feldlinie) oder wird V(s) vorgegeben (aufgeprägter Fluß), dann entfällt das Randintegral in Gl. (2.101a), da es bei der Variation δJ keinen Beitrag liefert. Ist am Rand $\partial V/\partial n=0$ (Feldlinien senkrecht zum Rand), dann ist aufgrund von Gl. (2.103b) $\alpha=\gamma=0$ zu setzen, womit Gl.(2.102b) Null wird, so daß in diesem Fall mit R=0 das Randintegral ebenfalls nicht auftritt. Beschränken wir uns auf die Anwendungsfälle, die diese Randbedingungen erfüllen, dann entfällt in Gl. (2.101a) das Randintegral, und die Variationsaufgabe besteht darin, die Lagrange-Energie des magnetischen Feldes

$$L = \iint \Big[\frac{\nu}{2}\Big\{\Big(\frac{\partial V}{\partial x}\Big)^2 + \Big(\frac{\partial V}{\partial y}\Big)^2\Big\} - V\,S\Big]\,dx\,dy \tag{2.104}$$

zum Extremwert zu führen, d.h. diejenige Vektorpotentialverteilung zu bestimmen, für die L ein Minimum annimmt. Zur Vereinfachung der Schreibweise setzen wir $\nu=1/\mu$. ν ist die magnetische Reluktivität, der Kehrwert der Permeabilität.

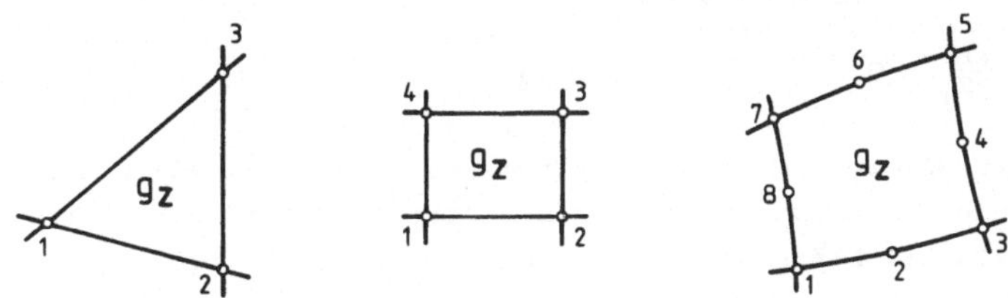

Bild 2.32 Beispiele für mögliche Formen der Diskretisierung

Zur numerischen Lösung ist wiederum eine Diskretisierung des Gebietes G erforderlich. Im Bild 2.32 sind einige Beispiele für mögliche Formen der Teilgebiete aufgezeichnet. Die Anzahl der Punkte, die die Grenzlinien festlegen, bestimmt den Grad der Nachbildung des Vektorpotentials. Drei Eckpunkte ergeben als Lösungsfläche eine Ebene, in der sich das Vektorpotential linear ändert. Die Gebietseigenschaften und die Induktion in einer Teilfläche g_z sind konstant. Vier Eckpunkte erlauben trotz linearer Begrenzung der Teilgebiete eine Krümmung der Fläche. Bei acht Punkten können die Teilgebiete krummlinige Seiten haben. Bei gekrümmten Flächen ist es möglich, auch veränderliche Gebietseigenschaften zuzulassen. In den meisten Fällen wird man sich mit einer Mittelwertbildung zufrieden geben. In Analogie zum Ritz'schen Verfahren (Abschnitt 5.2.3.1) kann man die Lösungsfläche über einem Teilgebiet z durch einen Reihenansatz nachbilden

$$V(x,y) = \sum_{k=1}^{p} \alpha_k(x,y)\, V_k \quad . \tag{2.105}$$

p ist die Zahl der Gitterpunkte, die ein Teilgebiet festlegen. Die dimensionslosen Koordinatenfunktionen $\alpha_k(x,y)$ nennt man Formfunktionen. Während bei Ritz die unbekannten Koeffizienten c_ν aus der Minimumbedingung bestimmt werden, sind hier die Vektorpotentiale in den Eckpunkten die gesuchten

Größen. Mit Gl. (2.105) wird die Lagrange-Energie Gl. (2.104) eine Funktion der Vektorpotentiale in den n Gitterpunkten und die Minimumbedingung

$$\frac{\partial L}{\partial V_i} = 0 \qquad i=1,2,\ldots,n \tag{2.106}$$

führt zu einem Gleichungssystem zur Berechnung der n unbekannten Vektorpotentiale. Eine Aufteilung des Gesamtintegrals (2.104) in Flächenintegrale über die Teilgebiete

$$L = L_1 + L_2 + \ldots + L_z + \ldots$$

läßt erkennen, daß die Differentiation der Teilenergie L_z nach V_i nur dann einen Beitrag liefert, wenn i ein an der Teilfläche z beteiligter Gitterpunkt ist. Ist q(i) die Zahl der Teilflächen, an denen V_i beteiligt ist (sie muß nicht für alle Gitterpunkte gleich sein), dann nimmt die Minimumbedingung die Form

$$f_i \equiv \sum_{z}^{q(i)} \frac{\partial L_z}{\partial V_i} = 0 \qquad i=1,2,\ldots,n \tag{2.107}$$

an. Für ein Teilgebiet ergibt die Differentiation von Gl. (2.104)

$$\frac{\partial L_z}{\partial V_i} = \iint \left[\nu \left\{ \frac{\partial V}{\partial x} \frac{\partial}{\partial V_i}\left(\frac{\partial V}{\partial x}\right) + \frac{\partial V}{\partial y} \frac{\partial}{\partial V_i}\left(\frac{\partial V}{\partial y}\right) \right\} - S\,\alpha_i \right]_z dx\,dy \quad . \tag{2.108}$$

Hierin sind einzusetzen

$$\frac{\partial V}{\partial x} = \sum_{k=1}^{p} V_k \frac{\partial \alpha_k}{\partial x} \qquad \frac{\partial V}{\partial y} = \sum_{k=1}^{p} V_k \frac{\partial \alpha_k}{\partial y}$$

$$\frac{\partial}{\partial V_i}\left(\frac{\partial V}{\partial x}\right) = \frac{\partial \alpha_i}{\partial x} \qquad \frac{\partial}{\partial V_i}\left(\frac{\partial V}{\partial y}\right) = \frac{\partial \alpha_i}{\partial y} \quad . \tag{2.109}$$

Der Index z an der rechteckigen Klammer von Gl. (2.108) weist darauf hin, daß alle Größen innerhalb dieser Gleichung für das Teilgebiet z gelten. Die Einführung der Abkürzung

$$\gamma_{i,k} = \frac{\partial\alpha_i}{\partial x}\frac{\partial\alpha_k}{\partial x} + \frac{\partial\alpha_i}{\partial y}\frac{\partial\alpha_k}{\partial y} \tag{2.110}$$

ergibt die Gleichung

$$f_i \equiv \sum_{z}^{q(i)} \iint \Big[\nu \sum_{k=1}^{p} V_k\gamma_{i,k} - S\,\alpha_i\Big]_z \,dx\,dy = 0$$

$$i=1,2,\dots,n \quad . \tag{2.111}$$

Für jedes Vektorpotential V_i erhält man eine solche Gleichung, die eine Zeile des Gleichungssystems der n Unbekannten bildet, $\underline{A}\underline{x}+\underline{b}=\underline{0}$. Die Elemente der Matrix $\underline{A}$ sind aus den Flächenintegralen zu berechnen. Die "rechte Seite" bilden die Flächenintegrale über die eingeprägten Stromdichten und die Randpotentiale mit ihren Koeffizienten. Zur Integration über die Teilgebiete empfiehlt es sich je nach verwendetem Gitternetz eine geeignete Koordinatentransformation vorzunehmen.

Zur weiteren Erläuterung wird der Sonderfall der Dreiecksdiskretisierung behandelt. Bild 2.33,S.100, zeigt einen Ausschnitt mit sechs Knotenpunkten. Punkt 1 ist an 5 Dreiecken beteiligt (q(1)=5). Über einem Teilgebiet in der x,y-Ebene mit den Eckpunkten l, m, n ist die Lösungsfläche eine Ebene (Bild 2.34,S.100), die von den Vektorpotentialen in den Eckpunkten aufgespannt und durch die aus Gl. (2.105) folgende Beziehung

$$V(x,y) = \alpha_l(x,y)\,V_l + \alpha_m(x,y)\,V_m + \alpha_n(x,y)\,V_n \tag{2.112}$$

beschrieben wird. Die Formfunktionen α_k sind lineare Funktionen von x und y

$$\alpha_k(x,y) = \alpha_{k1} + \alpha_{k2}x + \alpha_{k3}y \tag{2.113}$$

und von der Geometrie der Dreiecke abhängig.

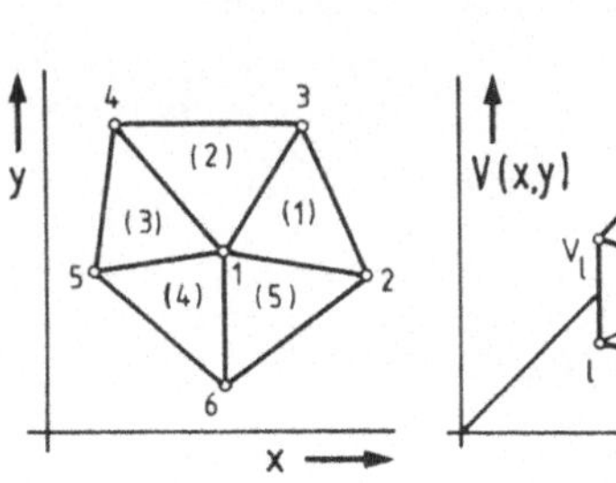

Bild 2.33
Dreiecksgitternetz
Ausschnitt p=3, q=5

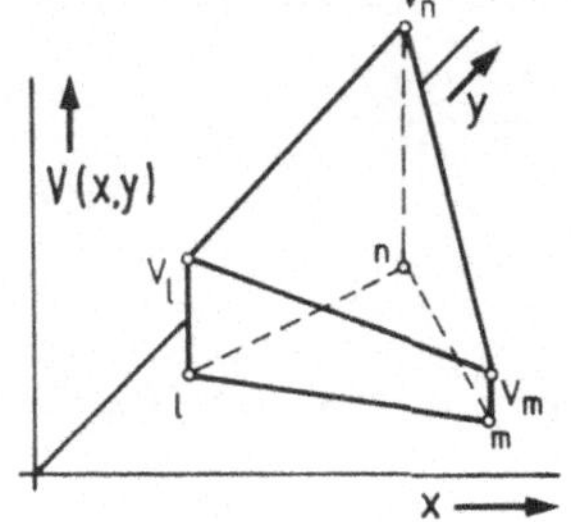

Bild 2.34
Lösungsfläche V(x,y)
über einem Teilgebiet

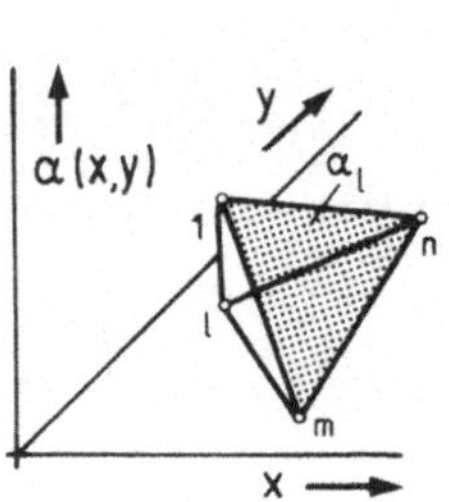

Bild 2.35
Ansatzfunktion
$\alpha_l(x,y)$ für ein
Teilgebiet

In Bild 2.35 ist die Formfunktion $\alpha_l(x,y)$ für ein Teilgebiet dargestellt. Die Formfunktionen müssen in den Eckpunkten den Bedingungen

$$\begin{aligned} \alpha_k(x_k,y_k) &= 1 \qquad \text{für} \quad k=l,m,n \\ \alpha_k(x_i,y_i) &= 0 \qquad \text{für} \quad i \neq k \end{aligned} \tag{2.114}$$

genügen. Daraus erhält man drei lineare Gleichungssysteme mit jeweils drei Unbekannten, aus denen die Konstanten berechnet werden können

$$a_{12} = \frac{1}{D}(y_m - y_n) \qquad\qquad a_{13} = \frac{1}{D}(x_n - x_m) \; . \tag{2.115}$$

Durch zyklische Vertauschung der Indizes ergeben sich die anderen Koeffizienten. Die Determinante D ist gleich dem doppelten Flächeninhalt eines Dreiecks und positiv, wenn die drei Punkte bei ihrer Nummerierung in mathematisch positivem Sinn durchlaufen werden. Die Größe $\gamma_{i,k}$ und die Reluktivität ν sind innerhalb eines Dreiecks konstant, so daß die Integration für jedes Teilgebiet geschlossen ausgeführt werden kann. Die Änderung des Vektorpotentials im Punkt k=l liefert in einem Teilgebiet z zur Variation der Energie den Beitrag

$$\frac{\partial L_z}{\partial V_1} = \Big[\quad V_1 \nu (a_{12}^2 + a_{13}^2)\frac{D}{2}$$

$$+ V_m \nu (a_{12}a_{m2} + a_{13}a_{m3})\frac{D}{2}$$

$$+ V_n \nu (a_{12}a_{n2} + a_{13}a_{n3})\frac{D}{2}$$

$$- S \frac{D}{6}\Big]_z \quad . \qquad (2.116)$$

Da der Gitterpunkt 1 unseres Beispiels Eckpunkt von 5 Dreiecken ist, hat Gl. (2.107) die Form

$$\frac{\partial L_1}{\partial V_1} + \frac{\partial L_2}{\partial V_1} + \frac{\partial L_3}{\partial V_1} + \frac{\partial L_4}{\partial V_1} + \frac{\partial L_5}{\partial V_1} = 0 \quad . \qquad (2.117)$$

Werden die Indizes in Gl. (2.116) nach der folgenden Tabelle durchlaufen

z	(1)	(2)	(3)	(4)	(5)
l	1	1	1	1	1
m	2	3	4	5	6
n	3	4	5	6	2

ergibt Gl. (2.117) eine lineare Gleichung der sechs Vektorpotentiale in den Eckpunkten der fünf Dreiecke. Durch Ausklammern gleicher Potentiale erhält man die Koeffizienten dieser Gleichung. Für jeden Knotenpunkt wird eine solche Gleichung aufgestellt, die die Zeile des Gleichungssystems bildet, wobei die Zahl der Unbekannten in einer Zeile abhängig ist von der Zahl der umliegenden Gitterpunkte. Bild 2.36, S. 102, zeigt die Unterteilung eines Gebietes in Dreiecke und die Struktur der Koeffizientenmatrix des zugehörigen Gleichungssystems. Die Bandbreite der Matrix ist abhängig von der maximalen Zahl der Gitterpunkte, die zu einem Dreieck gehören, und von der Art der Nummerierung. Zum Beispiel ist Knotenpunkt 10 Eckpunkt von 6 Dreiecken. In der Zeile 10 des Gleichungssystems stehen die Vektorpotentiale des Gitterpunktes 10 und die der 6 umliegenden Gitterpunkte.

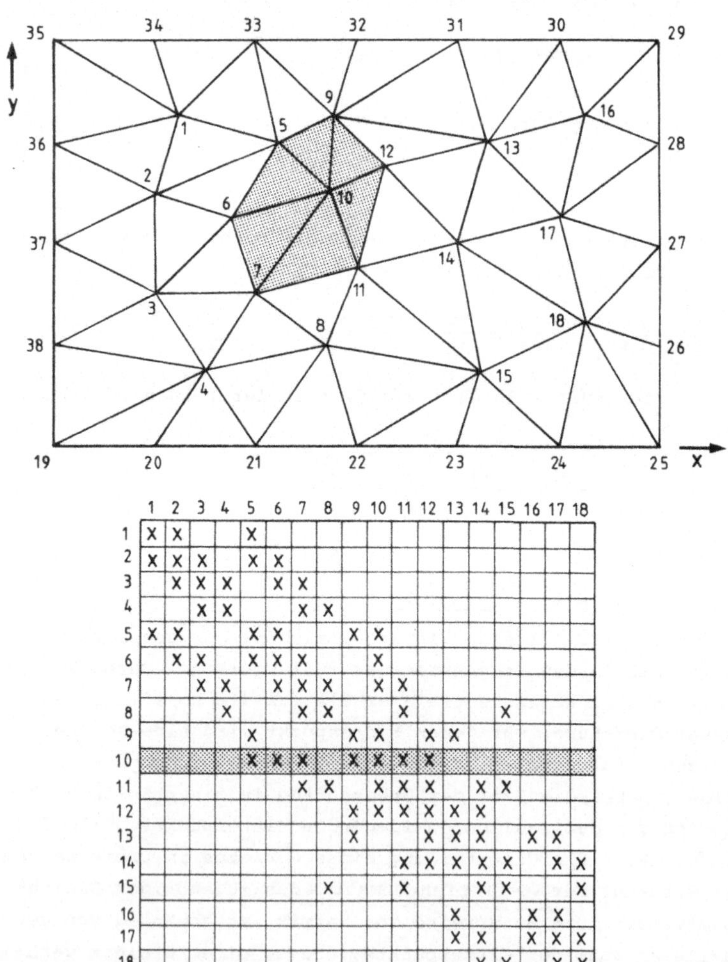

	1	2	3	4	5	6	7	8	9	10	11	12	13	14	15	16	17	18
1	X	X			X													
2	X	X	X		X	X												
3		X	X	X		X	X											
4			X	X			X	X										
5	X	X			X	X			X	X								
6		X	X		X	X	X			X								
7			X	X		X	X	X		X	X							
8				X			X	X			X				X			
9					X				X	X		X	X					
10					X	X	X		X	X	X	X						
11							X	X		X	X	X		X	X			
12									X	X	X	X	X	X				
13									X			X	X	X		X	X	
14											X	X	X	X	X		X	X
15								X			X			X	X			X
16													X			X	X	
17													X	X		X	X	X
18														X	X		X	X

Bild 2.36 Beispiel eines Dreieckgitternetzes mit Strukturbild der zugehörigen Koeffizientenmatrix

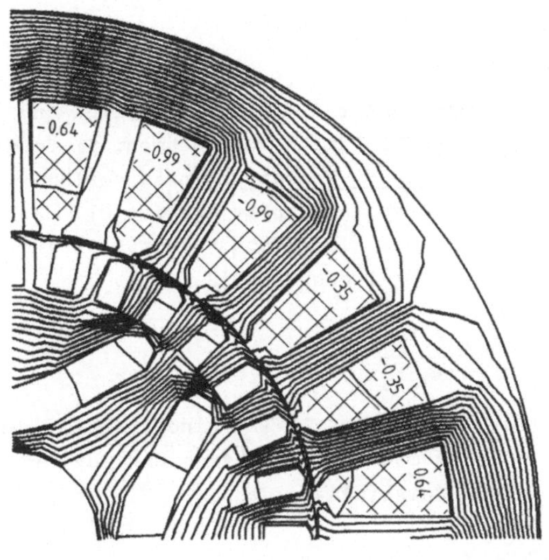

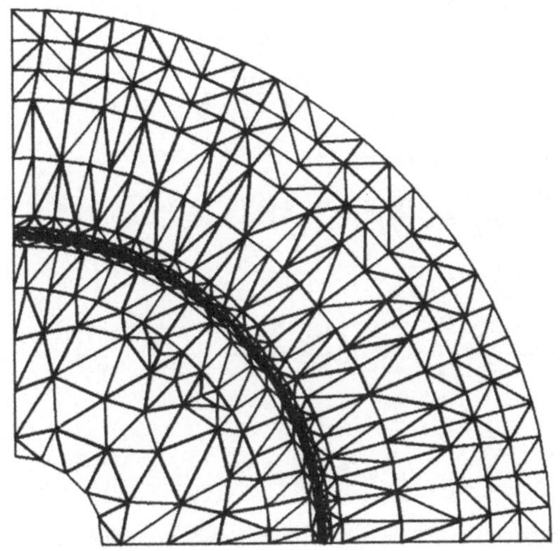

Bild 2.37 Feldbild und Gitternetz einer Reluktanzmaschine im Nennbetrieb

Die Lösung des Gleichungssystems

$$\underline{A}(\underline{x})\ \underline{x} + \underline{b} = \underline{0}$$

ist nach den in Abschnitt 2.4.2.1.5 zitierten und in Abschnitt 1 erklärten Verfahren vorzunehmen. Im folgenden soll die Anwendung des Newton-Verfahrens näher erläutert werden. In der Schreibweise von Abschnitt 1.4 ist Gl. (2.111) das Residuum einer Zeile des Gleichungssystems. Mit diesem Ausdruck sind die Elemente der Jacobi-Matrix

$$f'_{i,j} = \sum_{z}^{q(i)} \frac{\partial^2 L_z}{\partial V_i \partial V_j} \tag{2.118}$$

zu bilden. Die Reluktivität ν ist eine Funktion der Vektorpotentiale. Stellt man ν als Funktion des Quadrates der mittleren Induktion (Beispiel 15) dar

$$\nu = \nu(B^2) \quad ,$$

dann erhält man mit Gl. (2.107) und (2.111)

$$f'_{i,j} = \sum_{z}^{q(i)} \iint \left[\nu\gamma_{i,j} + \frac{\partial\nu}{\partial B^2} \frac{\partial B^2}{\partial V_j} \sum_{k}^{p} V_k \gamma_{i,k} \right]_z dx\, dy. \tag{2.119}$$

Das Quadrat der Induktion

$$B^2 = B_x^2 + B_y^2 = \left(\frac{\partial V}{\partial y}\right)^2 + \left(\frac{\partial V}{\partial x}\right)^2$$

ergibt mit Gl. (2.109)

$$B^2(x,y) = \sum_{k}^{p} \sum_{k^*}^{p} V_k V_{k^*} \left(\frac{\partial\alpha_k}{\partial x} \frac{\partial\alpha_{k^*}}{\partial x} + \frac{\partial\alpha_k}{\partial y} \frac{\partial\alpha_{k^*}}{\partial y} \right)$$

$$= \sum_{k}^{p} \sum_{k^*}^{p} V_k V_{k^*} \gamma_{k,k^*} \tag{2.120}$$

und der Differentiation nach dem Vektorpotential V_j den Ausdruck

$$\frac{\partial B^2}{\partial V_j} = 2 \sum_{k^*} V_{k^*} \gamma_{j,k^*} \quad , \tag{2.121}$$

da $\gamma_{j,k} = \gamma_{k,j}$ ist. Mit diesem Ergebnis erhalten wir für ein Element der Jacobi-Matrix

$$f'_{i,j} = \sum_{z}^{q(i)} \iint \Big[\nu \gamma_{i,j} + 2 \frac{\partial \nu}{\partial B^2} \sum_k \sum_{k^*} V_k V_{k^*} \gamma_{i,k} \gamma_{j,k^*} \Big]_z \, dx \, dy. \tag{2.122}$$

$\nu(B^2)$ ist aus der Magnetisierungskennlinie B(H) zu berechnen. Eine abschnittsweise Nachbildung mit Hilfe der Spline-Interpolation [19] hat sich bewährt. Die Ausführung der Integration in den Gln. (2.111) und (2.122) hängt von dem vorliegenden Problem ab. Für ein Dreiecksgitternetz ist die Integration geschlossen durchführbar und ergibt das Residuum

$$f_i \equiv \sum_{z}^{q(i)} \Big[\nu \, \frac{D}{2} \sum V_k \gamma_{i,k} - S \, \frac{D}{6} \Big]_z = 0 \tag{2.123}$$

und für ein Element der Jacobi-Matrix

$$f'_{i,j} = \sum_{z}^{q(i)} \Big[\nu \, \frac{D}{2} \, \gamma_{i,j} + D \, \frac{\partial \nu}{\partial B^2} \sum_k \sum_{k^*} V_k V_{k^*} \gamma_{i,k} \gamma_{i,k^*} \Big]_z \quad . \tag{2.124}$$

Aus Gl. (2.124) kann unmittelbar abgelesen werden, daß die Jacobi-Matrix für alle Gitternetze symmetrisch wird.

2.4.3.2 Zeitlich veränderliche Felder

Zur Berechnung zeitlich veränderlicher Felder mit der Methode der finiten Elemente greifen wir auf das in Abschnitt 5.2.3.2 dargestellte Galerkinverfahren zurück, da zu der Differentialgleichung (2.52a), die wir hier in kartesischen Koordinaten angeben,

$$G \equiv -\frac{\partial}{\partial x}\left(\nu \frac{\partial V}{\partial x}\right) - \frac{\partial}{\partial y}\left(\nu \frac{\partial V}{\partial y}\right) + \kappa \frac{\partial V}{\partial t} - S_e = 0 \quad (2.125)$$

keine äquivalente Grundfunktion F bekannt ist, die die Euler'sche Differentialgleichung befriedigt. Wird wiederum für das Vektorpotential eines Teilgebietes der Ansatz Gl. (2.105) zugrunde gelegt, so liefern die Galerkin'schen Gleichungen die Bestimmungsgleichungen für die Vektorpotentiale in den Gitterpunkten

$$f_i \equiv \sum_z^{q(i)} \left[\iint \left\{ -\frac{\partial}{\partial x}\left(\nu \frac{\partial V}{\partial x}\right) - \frac{\partial}{\partial y}\left(\nu \frac{\partial V}{\partial y}\right) + \kappa \frac{\partial V}{\partial t} - S_e \right\} \alpha_i \right]_z dx\, dy.$$

$$(2.126)$$

Die partielle Integration der beiden ersten Terme ergibt den Ausdruck

$$-\oint \nu\, \alpha_i \frac{\partial V}{\partial x}\, dy + \iint \frac{\partial V}{\partial x} \frac{\partial \alpha_i}{\partial x}\, dx\, dy$$

$$-\oint \nu\, \alpha_i \frac{\partial V}{\partial y}\, dx + \iint \frac{\partial V}{\partial y} \frac{\partial \alpha_i}{\partial y}\, dx\, dy \;. \quad (2.127)$$

Die Addition der Umlaufintegrale

$$\sum_z^{q(i)} -\oint \left[\nu\, \alpha_i \frac{\partial V}{\partial x}\, dy + \nu\, \alpha_i \frac{\partial V}{\partial y}\, dx \right]_z$$

liefert keinen Beitrag, da die Koordinatenfunktionen $\left[\alpha_i(x,y)\right]_z$ auf dem äußeren Rand der q(i) Teilflächen den Wert Null haben und die Integrale auf den Trennlinien der benachbarten Flächen q(i) sich gegenseitig aufheben. Setzt man für das Vektorpotential die Ansatzfunktion (2.105) ein, erhält man mit den verbliebenen Flächenintegralen aus Gl. (2.127) für Gl. (2.126)

$$f_i \equiv \sum_z^{q(i)} \iint \left[\nu \sum_{k=1}^{p} \left\{ V_k \gamma_{i,k} + \kappa\, \alpha_i \alpha_k \frac{\partial V_k}{\partial t} \right\} - S_e \alpha_i \right]_z dx\, dy$$

$$= 0 \quad . \quad (2.128)$$

Die Auswertung für einen konkreten Fall ergibt analog zu Gl. (2.111) eine lineare Gleichung, die eine Zeile des Gleichungssystems bildet.

Sind die Koeffizienten konstant, empfiehlt sich bei Wechselstromanregung ein komplexer Ansatz für das Vektorpotential. Die Zeitabhängigkeit fällt dann heraus, und man erhält ein lineares Gleichungssystem, in dem alle von Null verschiedenen Elemente der Koeffizientenmatrix komplex sind. Zur Lösung des komplexen Gleichungssystems wird auf die Ausführungen in Abschnitt 2.4.2.2 verwiesen.

Der Einfluß der Eisensättigung kann analog zum Differenzenverfahren nur über einen Einschwingvorgang berechnet werden.

3. Optimierungsverfahren

Beim Entwurf von elektrischen Geräten und Maschinen besteht die Aufgabe, unter Berücksichtigung vorgeschriebener Nennwerte und Betriebseigenschaften die Abmessungen festzulegen. Außerdem sind in den meisten Fällen zusätzliche Bedingungen einzuhalten, die sich aus Gründen der Fertigung, der Materialeigenschaften oder aus kaufmännischen Gesichtspunkten ergeben. Ein Entwurf wird als zulässig bezeichnet, wenn er bestimmte Eigenschaften und Bedingungen, die sog. Restriktionen, erfüllt. Kann man darüber hinaus die Einflußgrößen in einer Optimierungsfunktion, Zielfunktion genannt, zusammenfassen, so läßt sich mit Hilfe einer Extremwertbestimmung dieser Funktion aus der Menge der zulässigen Entwürfe ein optimaler Entwurf angeben. Die geschilderte Aufgabenstellung ist auf andere Ingenieuraufgaben übertragbar.

Zur mathematischen Formulierung der Aufgabe fassen wir die das Problem charakterisierenden Einflußgrößen in dem Vektor $\underline{v}^T=[v_1,v_2,\ldots,v_n]$ zusammen. Die Zielfunktion bezeichnen wir mit $Z(\underline{v})$ und die Restriktionen mit $R_j(\underline{v})$. Damit lautet die Aufgabe

$$
\begin{aligned}
&Z(\underline{v}) = \text{Min.} \\
&\text{mit den Restriktionen} \\
&R_j(\underline{v}) \leq 0 \qquad j=1,2,\ldots,m \qquad (3.1)\\
&\text{und den Vorzeichenbeschränkungen} \\
&v_i \geq 0 \qquad i=1,2,\ldots,n \quad .
\end{aligned}
$$

$\underline{v}$ gibt einen Punkt und $Z(\underline{v})$ einen Wert der Zielfunktion im n-dimensionalen Euklidischen Raum an. Ein Maximumproblem kann in ein Minimumproblem durch Multiplikation der Zielfunktion mit -1 überführt werden, so daß prinzipiell kein Unterschied besteht. Im Zweidimensionalen ist eine anschauliche Erklärung möglich. In Bild 3.1, S.109, sind in der v_1,v_2-Ebene die Höhenlinien der Funktion $Z(\underline{v})$=const. für $z_1<z_2<z_3<\ldots$ eingetragen. Die Restriktionen $R_1\leq 0$, $R_2\leq 0$ und die Bedingungen $v_1 \geq 0$, $v_2 \geq 0$ kennzeichnen das zulässige Gebiet. Im Bild 3.1a sei M_1 das absolute Minimum. Der Lösungspunkt des Problems ist das relative Minimum M_2. Im Bild 3.1b liegt der Lösungspunkt, das relative Minimum M_3, auf der Randlinie $R_2=0$.

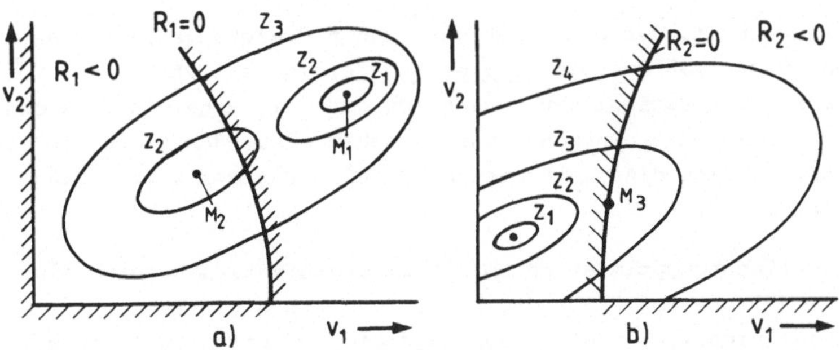

Bild 3.1 Darstellung einer zweidimensionalen Aufgabe

Nur in Sonderfällen ist eine analytische Lösung des mathematischen Problems möglich. Wir wollen uns auf die Beschreibung einiger iterativer Methoden beschränken.

3.1 Lineare Probleme

Sind sowohl die Zielfunktion als auch die Restriktionen lineare Funktionen der Einflußgrößen v_i, spricht man von einer linearen Optimierungsaufgabe mit den Gleichungen

$$Z = \sum_{i=1}^{n} c_i v_i = \text{Min.}$$

$$\sum_{i=1}^{n} a_{ji} v_i + b_j \leq 0 \qquad j=1,2,\ldots,m$$

$$v_i \geq 0 \qquad i=1,2,\ldots,n \quad . \tag{3.2}$$

Das Restriktionssystem wird mittels zusätzlicher Variablen,

den Schlupfvariablen, in ein Gleichungssystem der Form

$$\sum_{i=1}^{n} a_{ji} v_i + v_{n+j} + b_j = 0 \qquad j=1,2,\ldots,m$$

$$v_{n+j} \geq 0$$

umgewandelt, das m+n Unbekannte und n Gleichungen hat. Das Lösungsverfahren, die Simplexmethode, ist ein iteratives Verfahren mit Variablenaustausch. Es gibt die Regeln an, welche Variablen gegeneinander auszutauschen sind, damit dadurch die Zielfunktion eine Verbesserung in Richtung der Optimierung erfährt.

Die lineare Optimierung spielt im Organisationsbereich eine wesentliche Rolle. Da die Probleme der Energietechnik in der Regel nichtlinear sind, soll das Simplexverfahren nicht weiter erläutert werden. Eine ausführliche Darstellung findet man in [21].

3.2 Nichtlineare Probleme

Die iterativen Verfahren zur Lösung dieser Aufgaben werden unter den Stichworten "Nichtlineare Programmierung, Extremwertsuchverfahren, Optimierungsmethoden" behandelt und in Probleme ohne und mit Restriktionen eingeteilt. Allen Lösungsverfahren ist gemeinsam, daß ausgehend von einem Anfangs- oder Versuchsvektor $\underline{v}^{(0)}$ der Lösungsraum systematisch abgesucht wird, mit dem Ziel, daß die Folge der Zielfunktionswerte $Z(\underline{v}^{(k)})$ gegen das Minimum $Z(\underline{x})$ konvergiert. Ist $\underline{v}^{(k)}$ ein Versuchsvektor des k-ten Iterationsschrittes, so wird der neue Vektor $\underline{v}^{(k+1)}$ aus

$$\underline{v}^{(k+1)} = \underline{v}^{(k)} + \alpha_k \, \underline{p}^{(k)} \tag{3.3}$$

berechnet. Die Lösungsverfahren unterscheiden sich in der Bestimmung des Richtungsvektors $\underline{p}^{(k)}$ und der Schrittweite α_k. Die Aufgabe ist grundsätzlich mit der in Abschnitt 1.3 beschriebenen Relaxationsrechnung zu vergleichen. Die Auswahl eines Iterationsverfahrens und dessen Erfolg werden wesentlich von den Eigenschaften der Zielfunktion bestimmt. Außerdem sollte man berücksichtigen, ob es sich um die Lösung einer "einmaligen" Aufgabe handelt oder ein laufender Einsatz des Rechenprogrammes vorgesehen ist. Da der Programmierungsaufwand mit der "Intelligenz" der verwendeten Suchstrategie steigt, sind auch einfache Methoden durchaus zu vertreten.

3.2.1 Nichtlineare Probleme ohne Restriktionen

3.2.1.1 Rasterverfahren

Das Rasterverfahren stellt die einfachste Methode dar, den Extremwert einer Zielfunktion $Z(\underline{v})$ zu bestimmen. Die unabhängigen Variablen $v_1, v_2, \ldots, v_n$ werden in den gewählten Bereichsgrenzen mit vernünftiger Schrittweite geändert und die Zielfunktion für die Koordinatenpunkte berechnet. Anhand der ausgedruckten Ergebnisse läßt sich der Extremwert der Zielfunktion ablesen und der Lösungsvektor $\underline{x}$ bestimmen. Die Anzahl N der durchzurechnenden Varianten beträgt bei n Variablen mit jeweils m Variationsschritten

$$N = m^n \qquad (3.4)$$

und entspricht somit dem maximalen Aufwand an Rechenoperationen für die Zielfunktion $Z(\underline{v})$. Die Methode ist im eigentlichen Sinn kein Suchverfahren, da das Suchen nicht von der Rechenmaschine vorgenommen wird. In vielen Anwendungsfällen ist diese Methode zu empfehlen, um sich einen Überblick zu verschaffen, bevor aufwendige Programmierungsarbeiten in Angriff genommen werden.

3.2.1.2 Suchen in Koordinatenrichtungen

Das systematische Durchlaufen aller Koordinatenrichtungen ist eine naheliegende Methode. Im einfachsten Fall wird im Iterationsprozeß mit Gl. (3.3) eine Koordinatenrichtung $\underline{p}^{(k)}=\underline{e}^{(k)}$ beibehalten, solange eine Abnahme der Zielfunktion festzustellen ist. Die Schrittweite α_k kann dabei konstant gehalten oder aber bei gleicher Richtung sukzessiv vergrößert werden. Nach Übergang in eine neue Richtung wird wieder mit kleinen Schritten begonnen. Auf diese Weise werden alle Koordinatenrichtungen zyklisch durchlaufen.

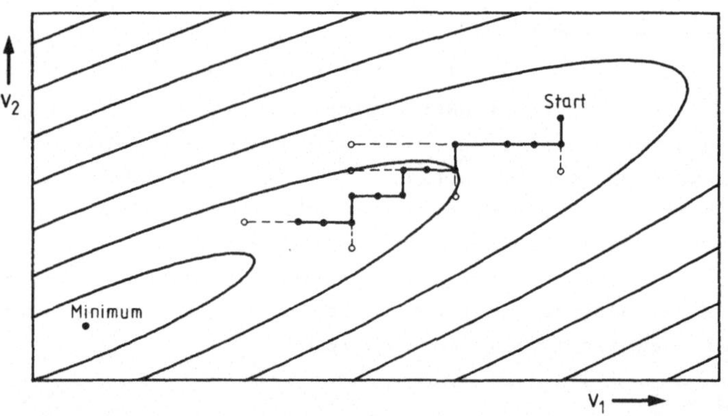

Bild 3.2 Suchen in Koordinatenrichtungen

Ein Beispiel ist in Bild 3.2 dargestellt. Die Punkte stellen erfolgreiche Versuchsschritte dar. Bei den durch Kreise gekennzeichneten Versuchsschritten ist $Z(\underline{v}^{(k+1)})>Z(\underline{v}^{(k)})$, so daß ausgehend von $\underline{v}^{(k)}$ in einer neuen Koordinatenrichtung weitergegangen wird. Nach zwei erfolgreichen Schritten in einer Richtung wird die Schrittweite sukzessiv vergrößert.

Eine Verbesserung dieses Verfahrens wird durch eine Berechnung der Schrittweite α_k mit Hilfe der Zielfunktionswerte $Z^{(k)}$ nach der im folgenden Abschnitt 3.2.1.3 beschriebenen Methode erreicht.

Eine Variante stellt das Stichprobenverfahren (Random Walk) dar. Ausgehend von einem Versuchsvektor $\underline{v}^{(k)}$ wird der Lösungsraum in den Koordinatenrichtungen $\underline{e}^{(k)}$ durchlaufen, wobei die Wahl einer Richtung durch einen Zufallsgenerator getroffen wird. In Gl. (3.3) ist $\underline{p}^{(k)}=\underline{e}^{(k)}$ zu setzen. Durch eine konstante Schrittweite α_i wird ein "Aktionsradius", innerhalb dessen die Werte der Zielfunktion zu berechnen sind, festgelegt. Das Verfahren läßt sich durch folgendes Rechenschema beschreiben:

1. Wahl eines Startpunktes $\underline{v}^{(k)}$ mit k=0 und der Schrittweite α_i, die groß ist im Verhältnis zur gewünschten Genauigkeit. Berechnung der Zielfunktion $Z(\underline{v}^{(k)})$.
2. Wahl von $\underline{e}^{(k)}$ durch den Zufallsgenerator.
3. Berechnung des Vektors $\underline{v}^{(k+1)}=\underline{v}^{(k)}+\alpha_i\underline{e}^{(k)}$.
4. Berechnung der Zielfunktion $Z(\underline{v}^{(k+1)})$.
5. Wenn $Z^{(k+1)}<Z^{(k)}$, dann die Schritte 2,3,4 wiederholen.
6. Wenn eine genügende Zahl von Durchrechnungen keinen Vektor $\underline{v}^{(k+1)}$ ergibt, der die Bedingung 5 erfüllt, dann ist eine Schrittweite $\alpha_{i+1}<\alpha_i$ zu wählen. Dadurch wird der "Aktionsradius" zur Bestimmung neuer Versuchsvektoren eingeschränkt.
7. Wenn die Schrittweite kleiner als die gewünschte Genauigkeit wird, kann die Rechnung abgebrochen werden.

Das Verfahren läßt sich durch verschiedene Maßnahmen verbessern. Naheliegend ist beispielsweise, die Richtung $\underline{e}^{(k)}$ beizubehalten, solange eine Abnahme der Zielfunktion festzustellen ist. In [10] wird eine Methode beschrieben, die aus dem Verlauf der Zielfunktion Gradienten berechnet und damit nicht nur in Koordinatenrichtungen sucht. Da der gesamte Rechenprozeß sehr oft durchlaufen wird, ist das Stichprobenverfahren nur dann geeignet, wenn die Berechnung der Zielfunktion eine geringe Rechenzeit in Anspruch nimmt.

3.2.1.3 Bestimmung der Schrittweite α, Minimizing Step

Der Erfolg der iterativen Verbesserung der Zielfunktion in einer bestimmten Richtung $\underline{p}$ hängt von der Wahl der Schrittweite α ab. Mit Gl. (3.3) ist die Zielfunktion

$$Z(\underline{v}^{(k+1)}) = Z(\underline{v}^{(k)}+\alpha_k \underline{p}^{(k)})$$

nur eine Funktion von α_k, wenn $\underline{v}^{(k)}$ und $\underline{p}^{(k)}$ gegebene Größen sind. Wird Z(α) durch eine quadratische Funktion

$$f(\alpha) = a + b\alpha + c\alpha^2 \qquad (3.5)$$

approximiert, so folgt aus der ersten Ableitung

$$\frac{df}{d\alpha} \equiv b + 2c\alpha = 0 \quad ,$$

daß diese Funktion bei

$$\alpha^* = -\frac{b}{2c} \qquad (3.6)$$

einen Extremwert hat. Die Konstanten der Funktion f(α) werden durch drei Funktionswerte für verschiedene α bestimmt. Für $\alpha_1=0$, $\alpha_2=t$, $\alpha_3=2t$ erhält man aus

$$\begin{aligned} f_1 &= a \\ f_2 &= a + b\,t + c\,t^2 \\ f_3 &= a + b\,2t + c\,4t^2 \end{aligned} \qquad (3.7)$$

für die Konstanten

$$\begin{aligned} a &= f_1 \\ b &= \frac{4f_2 - 3f_1 - f_3}{2t} \\ c &= \frac{f_3 + f_1 - 2f_2}{2t^2} \end{aligned} \qquad (3.8)$$

und als Näherung für die optimale Schrittweite

$$\alpha^* = t \frac{4f_2 - 3f_1 - f_3}{4f_2 - 2f_3 - 2f_1} \quad . \tag{3.9}$$

Damit $f(\alpha^*)$ einem Minimum entspricht, muß

$$\frac{d^2f}{d\alpha^2} \equiv 2c > 0 \quad ,$$

also $c>0$ sein, woraus die Bedingung folgt

$$f_3 + f_1 > 2f_2 \quad . \tag{3.10}$$

Wird in positiver Richtung kein Minimum gefunden, so ist das Vorzeichen von t umzukehren (Beispiel 10).

3.2.1.4 Approximationsverfahren

Die unter dieser Bezeichnung zu diskutierenden Verfahren beruhen auf Überlegungen, die sich an den in Abschnitt 1.3 besprochenen Eigenschaften der quadratischen Funktion

$$F(\underline{v}) = \frac{1}{2}\, \underline{v}^T\, \underline{\underline{A}}\, \underline{v} + \underline{v}^T\, \underline{b} + c \tag{3.11}$$

mit positiv definiter Matrix $\underline{\underline{A}}$ orientieren, da sich viele Funktionen in der Nähe ihres Minimums durch eine solche Funktion approximieren lassen. Entwickeln wir eine beliebige Funktion $Z(\underline{v})$ in der Nähe ihres Minimalpunktes $\underline{x}$ in eine Taylorreihe und brechen diese nach dem zweiten Glied ab, so erhalten wir die Approximation

$$Z^*(\underline{v}) = Z(\underline{x}) + \underline{g}^T(\underline{x})\ (\underline{v}-\underline{x}) + \frac{1}{2}(\underline{v}-\underline{x})^T\ \underline{\underline{G}}(\underline{x})\ (\underline{v}-\underline{x}) \tag{3.12}$$

mit

$$\underline{g} = \begin{bmatrix} \partial Z/\partial v_1 \\ \partial Z/\partial v_2 \\ \cdot \\ \cdot \\ \partial Z/\partial v_n \end{bmatrix} \quad , \tag{3.13a}$$

$$\underline{G} = \begin{bmatrix} \frac{\partial^2 Z}{\partial v_1 \partial v_1} & \cdots & \frac{\partial^2 Z}{\partial v_1 \partial v_n} \\ \cdots & \cdots & \cdots \\ \frac{\partial^2 Z}{\partial v_n \partial v_1} & \cdots & \frac{\partial^2 Z}{\partial v_n \partial v_n} \end{bmatrix} . \qquad (3.13b)$$

Die Matrix $\underline{G}$ der zweiten Ableitungen wird als <u>H e s s e - Matrix</u> bezeichnet. Ist $G(\underline{v})$ positiv definit, dann folgt aus den Überlegungen in Abschnitt 1.3, daß der Minimalpunkt der Funktion $Z^*(\underline{v})$ aus dem linearen Gleichungssystem

$$\underline{G}(\underline{x})\ (\underline{v}-\underline{x}) + \underline{g}(\underline{x}) = \underline{0} \qquad (3.14)$$

zu berechnen ist. Da $\underline{g}(x)=0$ ist, folgt aus Gl. (3.14) $\underline{v}=\underline{x}$. Der Minimalpunkt der Näherungsfunktion $Z^*(\underline{v})$ hat die gleichen Koordinaten wie der der approximierten Funktion $Z(\underline{v})$.

Die verschiedenen Iterationsverfahren unterscheiden sich dadurch, wieweit der Gradientenvektor $\underline{g}(\underline{v})$ und die Hesse-Matrix $\underline{G}(\underline{v})$ explizit vorliegen oder aus dem Iterationsablauf erzeugt werden können.

3.2.1.4.1 Verfahren der konjugierten Richtungen

In Abschnitt 1.3.9.2 wird das Verfahren der konjugierten Gradienten zur Lösung eines linearen Gleichungssystems mit positiv definiter Matrix $\underline{A}$ erläutert, bei dem die im Laufe der Iteration erzeugten Richtungsvektoren $\underline{p}^{(i)}$ die Bedingungsgleichung (1.72) erfüllen und zueinander $\underline{A}$-konjugiert sind. Von Powell wurde gezeigt, daß sich konjugierte Richtungen auch ohne Kenntnis der Residuen nur aus den Funktionswerten erzeugen lassen. Dies soll an der quadratischen Funktion Gl. (3.11) gezeigt werden. Sind $\underline{v}_a$ und $\underline{v}_b$ zwei Punkte im Lösungsraum und $\underline{p}$ ein beliebiger Richtungsvektor, so lassen sich ausgehend von $\underline{v}_a$ und $\underline{v}_b$ in Richtung von $\underline{p}$ zwei

Punkte $\underline{y}_a$ und $\underline{y}_b$ angeben, für die $F(\underline{v})$ minimal ist. Mit den beiden (optimalen) Schrittweiten α_a^* und α_b^* erhält man

$$\underline{y}_a = \underline{v}_a + \alpha_a^* \underline{p} \qquad \underline{y}_b = \underline{v}_b + \alpha_b^* \underline{p} \quad . \tag{3.15}$$

Da an den Stellen $\underline{y}_a$ und $\underline{y}_b$ in Richtung von $\underline{p}$ ein Minimum vorliegt, müssen die Gleichungen

$$\frac{\partial}{\partial \alpha} F(\underline{y}_a + \alpha \underline{p})\Big|_{\alpha=0} = 0 \qquad \frac{\partial}{\partial \alpha} F(\underline{y}_b + \alpha \underline{p})\Big|_{\alpha=0} = 0 \tag{3.16}$$

erfüllt sein. Die Differentiation der quadratischen Funktion

$$F(\underline{y}_a + \alpha \underline{p}) = \frac{1}{2}(\underline{y}_a + \alpha \underline{p})^T \underline{\underline{A}} (\underline{y}_a + \alpha \underline{p}) + (\underline{y}_a + \alpha \underline{p})^T \underline{b} + c$$

nach α ergibt für Gl. (3.16) die beiden Beziehungen

$$\underline{p}^T (\underline{\underline{A}}\, \underline{y}_a + \underline{b}) = 0 \qquad \underline{p}^T (\underline{\underline{A}}\, \underline{y}_b + \underline{b}) = 0 \quad ,$$

deren Differenz

$$\underline{p}^T \underline{\underline{A}} (\underline{y}_a - \underline{y}_b) = 0 \tag{3.17}$$

zeigt, daß die Richtungen $\underline{p}$ und $\underline{y}_a - \underline{y}_b$ $\underline{\underline{A}}$-konjugiert sind. Dieses Ergebnis wird nun auf beliebige Funktionen $Z(\underline{v})$ übertragen, in der Annahme, daß diese sich in der Nähe des Minimalpunktes $\underline{x}$ wie die quadratische Funktion $F(\underline{v})$ verhalten. Den entsprechenden Rechnungsablauf zeigt das Flußdiagramm in Bild 3.3, S.118, (Beispiel 10). Dazu die folgenden Erläuterungen:

1. Der erste Richtungsvektor setzt sich aus den Koordinatenrichtungen $\underline{e}_i$ zusammen.
2. Ausgehend von einem Anfangsvektor $\underline{v}$ wird in Richtung von $\underline{e}_n$ das Minimum durch Minimizing Step und damit α_n^* berechnet.
3. $\underline{v}$ ist der neue Minimalpunkt.
4. Der Vektor $\underline{v}$ wird dem Vektor $\underline{y}$ zugewiesen.
5. In der Reihenfolge $i=1,2,\dots,n$ wird in Richtung der $\underline{p}_i$, den Komponenten von $\underline{p}$, minimisiert. Der letzte Vektor $\underline{x}_n$ gibt dabei den Minimalpunkt in Richtung von $\underline{p}_n$ an. Beim

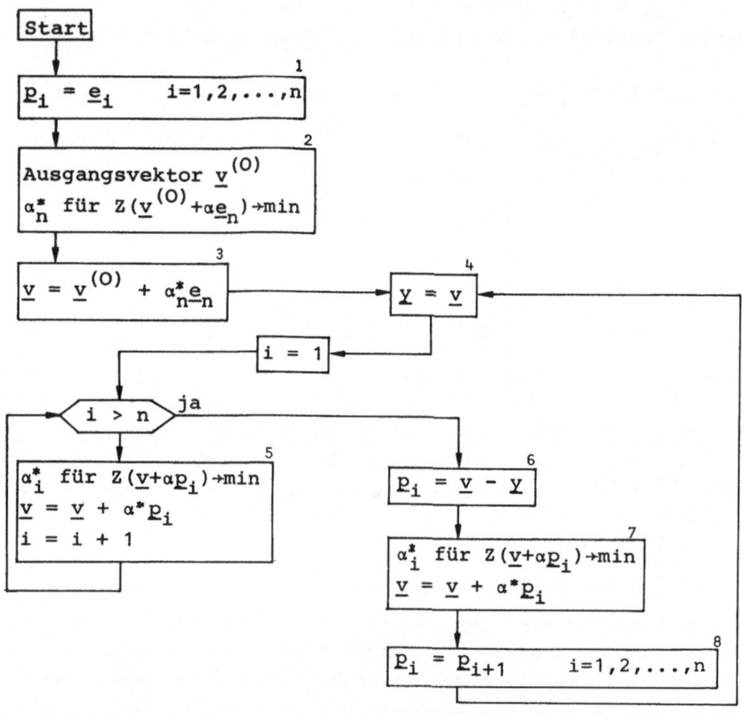

Bild 3.3 Flußdiagramm, Konjugierte Richtungen

ersten Durchgang sind die $\underline{p}_i$ identisch mit den Koordinatenrichtungen.

6. Für i=n+1 wird eine neue Koordinatenrichtung bestimmt $\underline{p}_{n+1}=\underline{x}_n-\underline{y}$. $\underline{x}_n$ und $\underline{y}$ sind beide in Richtung von $\underline{e}_n$ minimiert, daher ist $\underline{p}_{n+1}$ $\underline{A}$-konjugiert zu $\underline{e}_n$.
7. Es wird in Richtung von $\underline{p}_{n+1}$ minimiert.
8. Die Richtungsvektoren werden ausgetauscht. Es entfällt jeweils die erste Richtungskomponente. Der neue Vektor $\underline{p}_{n+1}$ tritt an die letzte Stelle der Richtungsvektoren.

F o x schreibt zu diesem Verfahren: "As is so offen the case in these matters, things are not so good, as they first seem". Voraussetzung in diesem Verfahren ist, daß jeweils der Minimalpunkt bestimmt wird. Die Richtungsvektoren müssen voneinander linear unabhängig sein. Das Verfahren neigt jedoch dazu, näherungsweise linear abhängige Richtungen zu erzeugen, so daß es für eine größere Variablenzahl nicht zu verwenden ist. Von Powell wurde eine Verbesserung des Verfahrens vorgeschlagen, worauf hier jedoch nicht eingegangen werden soll.

3.2.1.4.2 Gradientenverfahren

Die Anwendung der Methode des stärksten Abstiegs und die der konjugierten Gradienten zur Lösung linearer Gleichungssysteme wurden in Abschnitt 1.3.9 dargestellt. Sie werden in analoger Weise auch zur Bestimmung des Minimums der Zielfunktion eingesetzt. Der Formalismus kann daher aus den Abschnitten 1.3.9.1 und 1.3.9.2 entnommen werden. Da die Kenntnis der Gradienten vorausgesetzt wird, kann davon ausgegangen werden, daß diese Methoden mit Erfolg verwendet werden, wenn die Gradienten explizit aus der Funktion zu berechnen sind. Andernfalls ist eine numerische Berechnung der Gradienten durch Differenzenquotienten erforderlich, so daß dann das Verfahren der konjugierten Richtungen vorzuziehen sein wird.

3.2.1.4.3 Newton-Verfahren

Ist $\underline{v}^{(k)}$ die k-te Näherung an den Minimalpunkt der Zielfunktion, so wird diese in diesem Punkt entsprechend Gl. (3.12) in eine Taylorreihe entwickelt, so daß man die Näherungsfunktion

$$Z^*(\underline{v}) = Z(\underline{v}^{(k)}) + \underline{g}^T(\underline{v}^{(k)})\ (\underline{v}-\underline{v}^{(k)}) + \frac{1}{2}(\underline{v}-\underline{v}^{(k)})^T\ \underline{G}(\underline{v}^{(k)})\ (\underline{v}-\underline{v}^{(k)}) \tag{3.18}$$

erhält. Das Minimum dieser Funktion ergibt sich durch Nullsetzen der ersten Ableitung

$$\frac{\partial Z\ (\underline{v})}{\partial \underline{v}} \equiv \underline{g}(\underline{v}^{(k)}) + \underline{G}(\underline{v}^{(k)})\ (\underline{v}-\underline{v}^{(k)}) = \underline{O} \quad ,$$

woraus die Rechenvorschrift (Newton-Schritt)

$$\begin{aligned} &\underline{G}(\underline{v}^{(k)})\ \Delta\underline{v}^{(k)} + \underline{g}(\underline{v}^{(k)}) = \underline{O} \\ &\underline{v}^{(k+1)} = \underline{v}^{(k)} + \Delta\underline{v}^{(k)} \end{aligned} \qquad (3.19)$$

folgt. Das Verfahren setzt die Kenntnis der Hesse-Matrix und des Gradientenvektors voraus. Es ist daher nur in Sonderfällen anwendbar. Beim <u>Quasi-Newton-Verfahren</u> wird im Laufe des Iterationsprozesses eine Näherungsmatrix für die Kehrmatrix $\underline{G}^{-1}$ entwickelt [4].

3.2.2 Nichtlineare Probleme mit Restriktionen

Zur direkten Lösung der Extremwertaufgabe mit mehreren Veränderlichen und Nebenbedingungen

$$\begin{aligned} &F(\underline{v}) = \text{Extr.} \qquad && \underline{v}^T = [v_1, v_2, \dots, v_n] \\ &R_j(\underline{v}) = 0 && j=1,2,\dots,m \qquad m<n \end{aligned} \qquad (3.20)$$

kann man sich der <u>Multiplikatorenmethode von Lagrange</u> bedienen. Hierzu wird die Funktion

$$\phi = F(\underline{v}) + \lambda_1 R_1 + \lambda_2 R_2 + \dots + \lambda_m R_m$$

mit den willkürlichen Faktoren λ_i gebildet. Die n+m Bedingungsgleichungen

$$\frac{\partial \phi}{\partial v_i} = 0 \quad i=1,2,\dots,n \quad , \; R_j = 0 \quad j=1,2,\dots,m \qquad (3.21)$$

erlauben die Elimination der λ_i und die Bestimmung des gesuchten Vektors $\underline{x}$, für den F einen Extremwert annimmt (Beispiel 11). Die Anwendung dieser Methode auf die allgemeine Aufgabe Gl. (3.1) ist, auch wenn unter den Restriktionen keine Ungleichungen auftreten, nur in Ausnahmefällen möglich, so daß ein numerisches Verfahren anzuwenden ist. Dazu werden wir die beiden Fälle

a) $R_j \leq 0$ b) $R_j = 0$ $j=1,2,\ldots,m$ m beliebig

unterscheiden. Die Zielfunktion $Z(\underline{v})$ wird durch einen sogenannten Strafterm (penalty-function) ergänzt. Dadurch erhält man eine neue Funktion, deren Minimum nach den in den vorangegangenen Abschnitten beschriebenen Methoden berechnet werden kann. Das Problem wird damit auf ein solches ohne Restriktionen reduziert.

a) $\underline{R_j \leq 0}$

Die Erweiterung der Zielfunktion durch den Strafterm führt zu der Funktion

$$\phi(\underline{v},\lambda) = Z(\underline{v}) + \lambda \sum_j (\max\{R_j,0\})^2 \tag{3.22}$$

$$\text{mit } \max\{R_j,0\} = \begin{cases} R_j & \text{für } R_j \geq 0 \\ 0 & \text{für } R_j < 0 \end{cases} .$$

λ ist ein Parameter, der im Laufe der Iteration vergrößert wird und den Einfluß des Strafterms außerhalb des Gültigkeitsbereiches steuert. Wenn $Z(\underline{v})$ im Gültigkeitsbereich $[R_j \leq 0, \max\{R_j,0\}=0]$ ein Minimum hat, wird auch $\phi(\underline{v},\lambda)$ diesen Wert annehmen, womit die Aufgabe gelöst ist. Liegt das Minimum von $Z(\underline{v})$ außerhalb des Gültigkeitsbereiches, wird das Minimum von $\phi(\underline{v},\lambda)$ sukzessiv an den Rand herangeführt, bis für eine Restriktion von $R_i=0$ und alle anderen $R_j \leq 0$, $j \neq i$, erfüllt ist. Damit ergibt sich folgende Rechenvorschrift:

1. Berechnung des Minimums der Funktion ϕ ausgehend von einem Punkt $\underline{v}^{(k)}$ und einem Faktor λ_k mit Hilfe einer der in den vorangegangenen Abschnitten beschriebenen Extremwertsuchverfahren. Ergebnis: $\phi(\underline{v}^{(k+1)},\lambda_k)$=Min.

2. Liegt $\underline{v}^{(k+1)}$ außerhalb des Gültigkeitsbereiches, d.h. ist $R_i>0$ für $i=1,2,\ldots,\leq m$, dann wird die Rechnung mit $\lambda_{k+1}>\lambda_k$ wiederholt bis $R_j\leq 0$ für $j=1,2,\ldots,m$.

Der Faktor λ sollte zu Beginn nicht zu groß sein und nur langsam vergrößert werden.

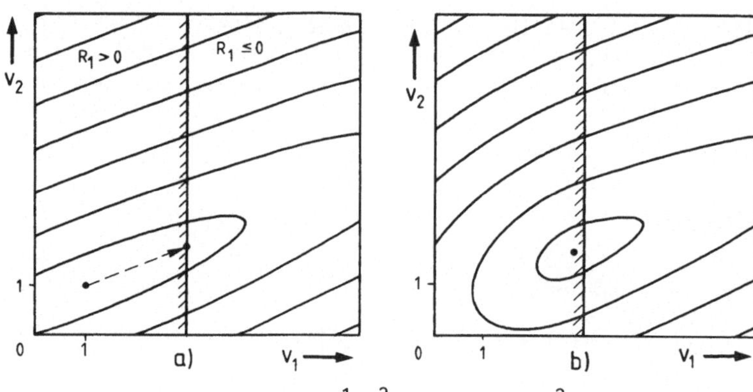

Bild 3.4 Funktion $\phi(\underline{v},\lambda) = \frac{1}{2}(v_1^2 - 4v_1v_2 + 5v_2^2) + v_1 - 3v_2 + \lambda(\max\{3-v_1,0\})^2$

a) $\lambda=0$ b) $\lambda=1$

k	λ_k	$v_1^{(k+1)}$	$v_2^{(k+1)}$	$z^{(k+1)}$	$\phi^{(k+1)}$	$R_1^{(k+1)}$
1	0.1	2.0000	1.4000	-0.90000	-0.80000	1.0000
2	1	2.8182	1.7273	-0.66942	-0.63636	0.1818
3	10	2.9802	1.7921	-0.60788	-0.60396	0.0198
4	100	2.9980	1.7992	-0.60080	-0.60040	0.0020
5	1000	2.9998	1.7999	-0.60008	-0.60004	0.0002

Tabelle 3.1 Rechenablauf zur Optimierung der in Bild 3.4 dargestellten Funktion $\phi(\underline{v},\lambda)$

b) $\underline{R_j = 0}$

In diesem Fall kann mit der Funktion

$$\phi(\underline{v},\lambda) = Z(\underline{v}) + \lambda \sum_j R_j^2 \qquad (3.23)$$

nach dem gleichen Verfahren vorgegangen werden. Das Minimum liegt auf einer Restriktion oder im Schnittpunkt von Restriktionen (Beispiel 11).

c) Eine Kombination der beiden Fälle in einer Aufgabe tritt auf, wenn in den Restriktionen $R_j \leq 0$ sowohl Gleichungen als auch Ungleichungen enthalten sind. Teilen wir die Restriktionen entsprechend auf

$$\begin{array}{lll} R_i < 0 & i=1,2,\ldots,m_1 & \\ & & m_1+m_2=m \quad , \\ R_l = 0 & l=1,2,\ldots,m_2 & \end{array}$$

so lautet die Suchfunktion

$$\phi(\underline{v},\lambda) = Z(\underline{v}) + \lambda\left[\sum_i (\max\{R_i,0\})^2 + \sum_l R_l^2\right] \qquad (3.24)$$

deren Minimum nach dem gleichen Verfahren bestimmt werden kann.

In der Literatur werden noch Varianten für die Straffunktion dargestellt, was aber zu keiner prinzipiell neuen Lösungsmethode führt.

3.2.3 Abbruchkriterien, Skalierung

Wie schon in Abschnitt 1.3.10 dargestellt wurde, ist zur Beendigung eines Iterationsverfahrens ein Kriterium erforderlich. Im vorliegenden Fall wäre der Ausdruck

$$K_3 \equiv \frac{\left|Z(\underline{v}^{(k+1)}) - Z(\underline{v}^{(k)})\right|}{\left|Z(\underline{v}^{(k+1)})\right|} < \varepsilon_z \qquad (3.25)$$

ein mögliches Abbruchkriterium. Es ist zu beachten, daß die Differenzenbildung bei größerem $Z(\underline{v})$ und flachem Verlauf zu erheblichen Fehlern führen kann. Interessiert weniger das Minimum der Zielfunktion sondern vielmehr der Vektor $\underline{x}$, d.h. die Lage des Minimalwertes $Z(\underline{x})$, dann könnte die Norm der Differenzvektoren

$$K_4 \equiv \left\| \underline{v}^{(k+1)} - \underline{v}^{(k)} \right\| < \varepsilon_V \qquad (3.26)$$

eine bessere Entscheidungsgrundlage liefern.

Der Verlauf und der Erfolg eines Suchverfahrens sind wesentlich von der Zielfunktion $Z(\underline{v})$ abhängig. Besonders ungünstig sind Funktionen mit schmalen und tiefen "Spalten". Im technisch-physikalischen Bereich treten auch Funktionen auf, die im Gültigkeitsbereich viele kleine Nebenminima besitzen. Die Auswahl des Rechenverfahrens wird hiervon wesentlich bestimmt. Ein Hilfsmittel kann in manchen Fällen eine geeignete Transformation der Koordinaten oder eine Normierung sein. Letztere ist insbesondere dann zu empfehlen, wenn Zielfunktion und Restriktionen unterschiedliche physikalische Größen darstellen und verschiedene Einheiten besitzen.

4. Numerische Lösung eines Differentialgleichungssystems 1. Ordnung

Das hier zu untersuchende Differentialgleichungssystem

$$a_{11}y_1' + a_{12}y_2' + \dots + a_{1n}y_n' = f_1(x,y_1,\dots,y_n)$$
$$a_{21}y_1' + a_{22}y_2' + \dots + a_{2n}y_n' = f_2(x,y_1,\dots,y_n)$$
$$\vdots$$
$$a_{n1}y_1' + a_{n2}y_2' + \dots + a_{nn}y_n' = f_n(x,y_1,\dots,y_n)$$

können wir in der Matrizengleichung

$$\underline{A}\ \underline{y}' = \underline{f}(x,\underline{y}) \tag{4.1a}$$

zusammenfassen. x ist die unabhängige Variable, $\underline{y}$ ist der Vektor der abhängigen Variablen. Die Komponenten $f_1, f_2, \dots, f_n$ können beliebige Funktionen der Variablen x und $\underline{y}$ sein. Ein Sonderfall von (4.1a) ist das lineare Differentialgleichungssystem 1.Ordnung

$$\underline{A}\ \underline{y}' = \underline{B}\ \underline{y} + \underline{f}(x) \quad . \tag{4.1b}$$

Zur Erläuterung der Begriffe und Methoden beschreiben wir zunächst die Integration der Differentialgleichung $y'=f(x,y)$ und verweisen hier insbesondere auf Z u r m ü h l [24]. Differentialgleichungen höherer Ordnung können durch Einführung neuer Variablen in ein System 1.Ordnung überführt werden.

4.1 Differentialgleichung 1.Ordnung

4.1.1 Einfache Lösungsverfahren und Genauigkeit

Gegeben ist die Differentialgleichung

$$y' = f(x,y) \tag{4.2}$$

mit den Anfangsbedingungen $x=x_A$ und $y=y_A$. Die Funktion $f(x,y)$

sei im Intervall $x_A \le x \le x_E$ stetig und beschränkt und erfülle die L i p s c h i t z-Bedingung

$$|f(x,y) - f(x,\bar{y})| \le K|y - \bar{y}| , \tag{4.3}$$

mit einer festen oberen Schranke K. Ersetzen wir in Gl. (4.2) den Differentialquotienten durch den Differenzenquotienten (Gl. (2.12)), so erhalten wir die Gleichung des Euler-Cauchy'schen Streckenzuges

$$y_{i+1} = y_i + f_i \, h \tag{4.4}$$

mit $f_i = f(x_i, y_i)$ und der Schrittweite $h = \Delta x$. Da die Steigung f_i

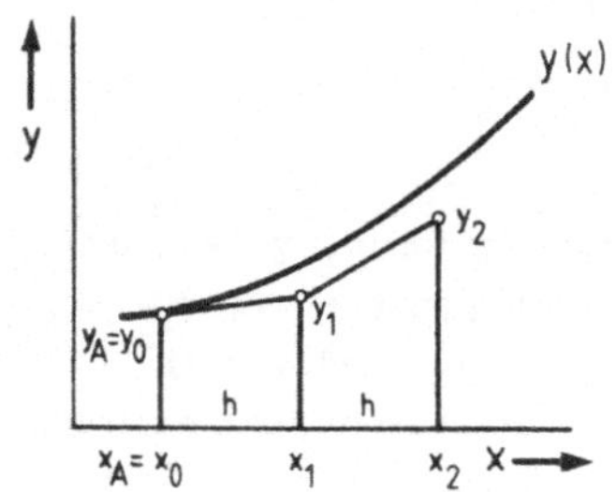

Bild 4.1 Streckenzug

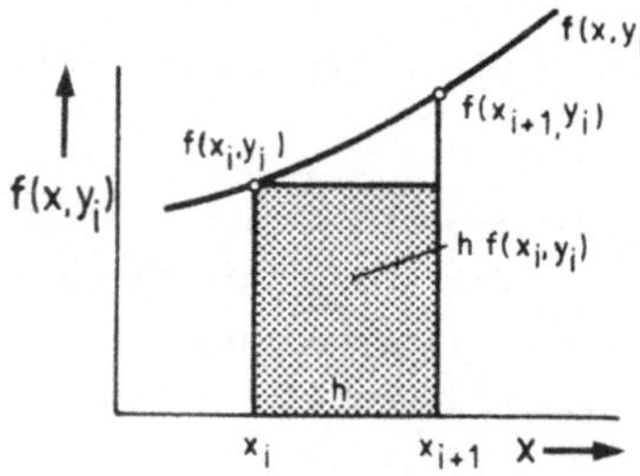

Bild 4.2 Quadraturfehler

eine Funktion des Näherungswertes y_i ist, wird die Abweichung des Streckenzuges von der Lösung immer größer (Bild4.1). Das Verfahren ist nur zu verwenden, wenn lediglich wenige Intervalle in der Nähe des Anfangspunktes x_0, y_0 interessieren. Wird Gl. (4.2) als Differential

$$dy = f(x,y) \, dx \tag{4.5}$$

geschrieben und f(x,y) an der Stelle f_i in eine Taylorreihe entwickelt

$$f(x,y_i) = f_i + f_i' \, (x-x_i) + \ldots \tag{4.6}$$

so ergibt die Integration von Gl. (4.5)

$$\int_{y_i}^{y_{i+1}} dy = \int_{x_i}^{x_{i+1}} f(x,y_i)\, dx$$

die Beziehung

$$y_{i+1} - y_i = f_i\, x \Big|_{x_i}^{x_{i+1}} + f_i' \left(\frac{x^2}{2} - x_i x\right) \Big|_{x_i}^{x_{i+1}} + \ldots$$

$$y_{i+1} - y_i = f_i\, h + \frac{1}{2} f_i'\, h^2 + \ldots \qquad . \qquad (4.7)$$

Ein Vergleich mit Gl. (4.4) zeigt, daß der Euler-Cauchy'sche Streckenzug mit einem <u>Quadraturfehler</u>

$$Q_i \approx \frac{1}{2} f_i'\, h^2 \qquad (4.8)$$

behaftet ist (Bild 4.2, S. 126). Der Fehler ist von der Ordnung $O(h^2)$.

Im Anfangspunkt x_0, y_0 wird die Steigung $y_0' = f(x_0, y_0)$ richtig berechnet. In allen folgenden Punkten hat die Steigung $y_i' = f(x_i, y_i)$ einen Fehler $\delta y_i'$, der um so größer ist, je stärker $f(x_i, y_i)$ von y_i abhängig ist. Es ist daher angenähert

$$\delta y' = \delta f \approx \frac{\partial f}{\partial y}\, \delta y \qquad . \qquad (4.9)$$

Aus der Lipschitz-Bedingung Gl. (4.3) folgt die Abschätzung für den <u>Steigungsfehler</u>

$$|\delta y_i'| = |\delta f_i| \leq K\, |\delta y_i| \qquad (4.10a)$$

mit

$$K \geq \left|\frac{\partial f}{\partial y}\right| \qquad . \qquad (4.10b)$$

Der <u>Gesamtfehler</u> setzt sich aus dem Quadratur- und dem Steigungsfehler zusammen. Ist Q eine Schranke für den Quadraturfehler Q_i und $K|\delta y_i|$ die obere Schranke für den Steigungsfehler $\delta y_i'$, dann erlaubt der Ausdruck

$$|\delta y_{i+1}| \leq |\delta y_i| + h\,K\,|\delta y_i| + Q$$

eine näherungsweise Fehlerabschätzung am Ende eines Intervalles. Der Wert

$$\kappa = K\,h \tag{4.11}$$

ist für ein fortgesetztes Anwachsen des Fehlers hauptsächlich verantwortlich. κ wird als Schrittkennzahl bezeichnet und zur Bemessung der Schrittweite herangezogen. Die Größe von κ ist auch vom Quadraturfehler abhängig. Als Richtwert wird von Zurmühl $\kappa \approx 0.1 \ldots 0.2$ angegeben.

4.1.2 Trapezregel

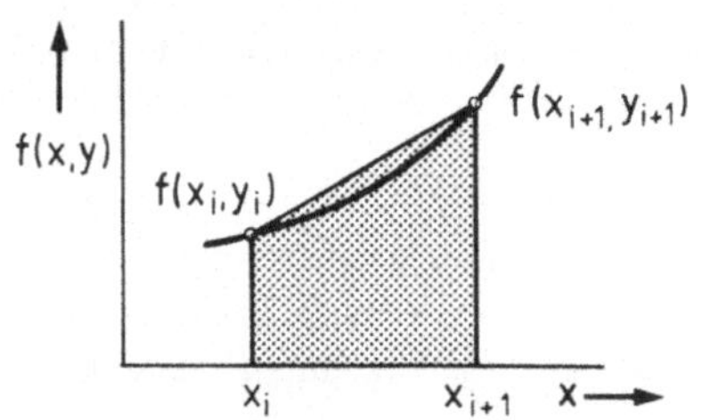

Bild 4.3 Integration durch Trapez

Schreiben wir die Differentialgleichung (4.2) in der Form

$$dy = f(x,y(x))\,dx \quad ,$$

so ergibt die Integration dieser Gleichung

$$\int_{y_i}^{y_{i+1}} dy = \int_{x_i}^{x_{i+1}} f(x,y(x))\,dx$$

nach der Trapezregel (Bild 4.3) die Näherungsgleichung

$$y_{i+1} = y_i + \frac{1}{2}\,h\left[f(x_i,y_i) + f(x_{i+1},y_{i+1})\right] \quad . \tag{4.12}$$

Da auf der rechten Seite die unbekannte Größe y_{i+1} vorkommt, muß diese implizite Gleichung durch eine Zwischeniteration gelöst werden

$$y_{i+1}^{(\nu+1)} = y_i + \frac{1}{2}\,h\left[f(x_i,y_i) + f(x_{i+1},y_{i+1}^{(\nu)})\right] \quad , \tag{4.13}$$

wobei im Sinne einer Relaxation der neu berechnete Wert $y_{i+1}^{(\nu+1)}$ auf der rechten Seite eingesetzt wird. Die Zahl der notwendigen Zwischenschritte hängt von der gegebenen Aufgabe ab. Mit Hilfe einer Taylorreihenentwicklung läßt sich zeigen, daß der Quadraturfehler der Trapezregel von der Ordnung $O(h^3)$ ist. Für die Konvergenz der Zwischeniteration gilt folgende Überlegung. Ist y_{i+1} der Endwert der Zwischeniteration, so folgt für den $(\nu+1)$-ten Iterationsschritt mit der Abkürzung

$$\left|\Delta^{(\nu+1)}\right| = \left|y_{i+1}^{(\nu+1)} - y_{i+1}\right|$$

unter Verwendung der Lipschitz-Bedingung die Abschätzung

$$\left|\Delta^{(\nu+1)}\right| = \frac{h}{2}\left|f\left(x_{i+1},y_{i+1}^{(\nu)}\right)-f\left(x_{i+1},y_{i+1}\right)\right| \le \frac{h}{2}\,K\left|y_{i+1}^{(\nu)}-y_{i+1}\right|$$

$$\left|\Delta^{(\nu+1)}\right| \le \frac{h}{2}\,K\left|\Delta^{(\nu)}\right| \quad .$$

Die Differenz wird kleiner, wenn $\frac{h}{2}K<1$ ist. Bei einer Schrittkennzahl $\kappa \equiv Kh \approx 0.1 \ldots 0.2$ ist die Konvergenz der Zwischeniteration demnach gesichert.

Auf die Zwischeniteration kann auch das <u>Newton-Verfahren</u> angewendet werden. Schreibt man für Gl. (4.12)

$$F(y_{i+1}) \equiv y_{i+1} - y_i - \frac{1}{2}\,h\left[f(x_i,y_i) + f(x_{i+1},y_{i+1})\right] = 0 \quad ,$$

so ergibt sich die Iterationsvorschrift

$$\begin{aligned} y_{i+1}^{(\nu+1)} &= y_{i+1}^{(\nu)} + \Delta y_{i+1}^{(\nu)} \\ \Delta y_{i+1}^{(\nu)} &= - \left.\frac{F}{\dfrac{\partial F}{\partial y_{i+1}}}\right|_{y_{i+1}^{(\nu)}} \end{aligned} \quad . \qquad (4.14)$$

4.1.3 Runge-Kutta-Verfahren

Eine ausführliche Ableitung dieses Verfahrens findet man z.B. bei K n e s c h k e [25]. Wir beschränken uns auf eine Zusammenstellung des Formelsatzes [24]. Das Runge-Kutta-Verfahren ist von vierter Ordnung, der Quadraturfehler also von der Ordnung $O(h^5)$. In einem Intervall werden vier Funktionswerte $f(x,y)$ und daraus der Zuwachs von y berechnet. Der Rechenformalismus ist aus dem folgenden Schema zu entnehmen.

i	ν	$x_i^{(\nu)}$	$y_i^{(\nu)}$	$k_i^{(\nu)}$
	1	x_i	y_i	$k_i^{(1)}$
	2	$x_i+h/2$	$y_i+k_i^{(1)}/2$	$k_i^{(2)}$
	3	$x_i+h/2$	$y_i+k_i^{(2)}/2$	$k_i^{(3)}$
	4	x_i+h	$y_i+k_i^{(3)}/2$	$k_i^{(4)}$
$i+1$		$x_{i+1}=x_i+h$	$y_{i+1}=y_i+k_i$	

(4.15)

$$k_i^{(\nu)} = f\left(x_i^{(\nu)}, y_i^{(\nu)}\right)h \;, \quad k_i=\frac{1}{6}\left[k_i^{(1)}+2k_i^{(2)}+2k_i^{(3)}+k_i^{(4)}\right]$$

i ist die Ordnungszahl der Intervalle, ν die Zählgröße innerhalb eines Intervalls. $k_i^{(\nu)}=y_i'^{(\nu)}h$ ist der linearisierte Zuwachs des Funktionswertes y_i. Aus den Werten $k_i^{(\nu)}$ wird ein Mittelwert k_i berechnet, der gleich dem Zuwachs des Funktionswertes $y(x)$ am Beginn des folgenden Intervalls $i+1$ ist. Die Funktion $f(x_i^{(\nu)}, y_i^{(\nu)})$ wird, da $x_i^{(2)}=x_i^{(3)}$ ist, zweimal an der Stelle $x_i+h/2$ berechnet, woraus ein Näherungswert für $\partial f/\partial y$ angegeben werden kann

$$\left|\frac{\partial f}{\partial y}\right| \approx \left|\frac{\Delta f}{\Delta y}\right| \approx \frac{1}{h}\left|\frac{k^{(3)}-k^{(2)}}{y^{(3)}-y^{(2)}}\right| = \frac{2}{h}\left|\frac{k^{(3)}-k^{(2)}}{k^{(2)}-k^{(1)}}\right| \quad . \qquad (4.16a)$$

Daraus folgt für die Schrittkennzahl

$$\kappa \equiv K\,h \approx 2\left|\frac{k^{(3)}-k^{(2)}}{k^{(2)}-k^{(1)}}\right| \quad . \qquad (4.16b)$$

Bei einer vorgegebenen Größe für κ läßt sich damit die Schrittweite h während der Rechnung laufend kontrollieren bzw. anpassen.

4.2 Differentialgleichungssystem 1.Ordnung

Die numerische Integration des Differentialgleichungssystems (4.1a)

$$\underline{\underline{A}}\ \underline{y}' = \underline{f}(x,\underline{y}) \quad , \quad x_A \le x \le x_E \quad , \quad \underline{y}_A = \underline{y}(x_A)$$

mit Hilfe der Trapezregel führt in Analogie zu Gl. (4.13) auf das lineare Gleichungssystem

$$\underline{\underline{A}}\ \underline{y}_{i+1}^{(\nu+1)} = \underline{\underline{A}}\ \underline{y}_i + \frac{h}{2}\left[\underline{f}(x_i,\underline{y}_i) + \underline{f}(x_{i+1},\underline{y}_{i+1}^{(\nu)})\right] \quad , \quad (4.17)$$

das für jeden Integrationsschritt zu lösen ist. Wenn die Koeffizientenmatrix $\underline{\underline{A}}$ nicht konstant ist, dann ist eine der in Abschnitt 1.4 beschriebenen Methoden zur Lösung von (4.17) heranzuziehen. Bei kleinen Gleichungssystemen mit konstanter Koeffizientenmatrix wird man $\underline{\underline{A}}$ numerisch oder eventuell explizit invertieren, so daß Gl. (4.1a) übergeht in

$$\underline{y}' = \underline{g}(x,\underline{y}) \quad , \quad (4.18a)$$

und Gl. (4.17) sich zu

$$\underline{y}_{i+1}^{(\nu+1)} = \underline{y}_i + \frac{h}{2}\left[\underline{g}(x_i,\underline{y}_i) + \underline{g}(x_{i+1},\underline{y}_{i+1}^{(\nu)})\right] \quad (4.18b)$$

vereinfacht. Die Gleichungen dieses Systems sind entkoppelt und können nacheinander gelöst werden.

Im Sonderfall des Differentialgleichungssytems (4.1b)

$$\underline{\underline{A}}\ \underline{y}' = \underline{\underline{B}}\ \underline{y} + \underline{f}(x)$$

erhält man für konstante Koeffizientenmatrizen $\underline{\underline{A}}$ und $\underline{\underline{B}}$ das lineare Gleichungssystem

$$\underline{\underline{A}}\ \underline{y}_{i+1} = \underline{\underline{A}}\ \underline{y}_i + \frac{h}{2}\left[\underline{\underline{B}}\ \underline{y}_i + \underline{f}(x_i) + \underline{\underline{B}}\ \underline{y}_{i+1} + \underline{f}(x_{i+1})\right] \quad , \quad (4.19a)$$

das nach $\underline{y}_{i+1}$ aufgelöst

$$(\underline{A} - \frac{h}{2}\,\underline{B})\underline{y}_{i+1} = \underline{A}\,\underline{y}_i + \frac{h}{2}\left[\underline{B}\,\underline{y}_i + \underline{f}(x_i) + \underline{f}(x_{i+1})\right] \quad (4.19b)$$

und durch die Gleichung

$$\underline{C}\,\underline{y}_{i+1} = \underline{g}(x_i, x_{i+1}, \underline{y}_i) \quad (4.19c)$$

dargestellt werden kann. Die rechte Seite ist unabhängig von $\underline{y}_{i+1}$, so daß eine Zwischeniteration nicht erforderlich ist. Das zur Berechnung von $\underline{y}_{i+1}$ aus (4.19c) anzuwendende Lösungsverfahren hängt von der Größe des Gleichungssystems und der Struktur der Matrix $\underline{C}$ ab.

Bei nichtkonstanten Koeffizienten ergibt sich für Gl. (4.1b) aus $\underline{y}'=\underline{A}^{-1}(\underline{B}\underline{y}+\underline{f})$ die Integrationsvorschrift

$$\underline{y}_{i+1} = \underline{y}_i + \frac{h}{2}\left[\underline{A}_i^{-1}\,(\underline{B}_i\underline{y}_i+\underline{f}_i) + \underline{A}_{i+1}^{-1}\,(\underline{B}_{i+1}\underline{y}_{i+1}+\underline{f}_{i+1})\right] . \quad (4.19d)$$

Analog zu Gl. (4.19b) wird der unbekannte Vektor $\underline{y}_{i+1}$ auf der rechten Seite ausgeklammert und auf die linke Seite gebracht. Man erhält ein lineares Gleichungssystem mit nichtkonstanten Koeffizienten in ähnlicher Form wie Gl. (4.19b), siehe hierzu Beispiel 12. In den meisten Fällen wird man bei geeigneter Schrittweite $\underline{A}_i \approx \underline{A}_{i+1}$ und $\underline{B}_i \approx \underline{B}_{i+1}$ setzen können, so daß man anstelle von Gl. (4.19d) die Gl. (4.19b) mit $\underline{A}=\underline{A}_i$ und $\underline{B}=\underline{B}_i$ zur Lösung des Problems heranziehen kann. Die Koeffizienten der Matrizen $\underline{A}$ und $\underline{B}$ werden in Abhängigkeit von x "nachgeführt".

Zur Integration der Gl. (4.1a) mit Hilfe des <u>Runge-Kutta-Verfahrens</u> muß das Rechenschema (4.15) modifiziert werden, indem die Größen y_i, $k_i^{(\nu)}$ und k_i durch entsprechende Vektoren $\underline{y}_i$, $\underline{k}_i^{(\nu)}$, $\underline{k}_i$, deren Dimension gleich der Zahl der Differentialgleichungen ist, ersetzt werden. Außerdem ist der zusätzliche Vektor $\underline{y}_i'^{(\nu)}$ erforderlich. In der ersten Zeile $\nu=1$ von (4.15) ergeben sich folgende Rechenvorschriften:

Gegeben: $x_i, \underline{y}_i^{(1)}$

Lösung des Gleichungssystems: $\underline{A}\,\underline{y}_i'^{(1)} = \underline{f}(x_i^{(\nu)}, \underline{y}_i^{(1)})$ (4.20a)

Berechnung des Zuwachses : $\underline{k}_i^{(1)} = \underline{y}_i'^{(1)}\, h$. (4.20b)

Die folgenden Zeilen mit $\nu=2,3,4$ sind analog zu behandeln. In jedem Zwischenschritt ist ein lineares Gleichungssystem zur Berechnung der linearen Zuwachsgrößen $\underline{k}_i^{(\nu)}$ zu lösen. Bei kleinen Gleichungssystemen mit konstanten Koeffizienten wird man $\underline{A}$ invertieren, so daß Gl. (4.1a) in Gl. (4.18a) umgewandelt wird. In diesem Fall erübrigt sich Gl. (4.20a), so daß Gl. (4.20b) analog zu (4.15) aus der Vorschrift

$$\underline{k}_i^{(\nu)} = \underline{f}(x_i^{(\nu)}, \underline{y}_i^{(\nu)})\, h \qquad \nu=1,2,3,4$$

zu ermitteln ist.

Ein Vergleich von Trapezregel und Runge-Kutta-Verfahren zeigt, daß die Wahl der Lösungsmethode wesentlich von der Aufgabenstellung bestimmt wird und in jedem Einzelfall zu entscheiden ist. Die Anwendung der gezeigten Verfahren wird in den Beispielen 12, 13, 14 gezeigt.

Für den Sonderfall des Gleichungssystems (4.1b)

$$\underline{A}\,\underline{y}' = \underline{B}\,\underline{y} + \underline{f}(x)$$

bietet sich bei kleinem Gleichungssystem mit konstanten Koeffizientenmatrizen $\underline{A}$ und $\underline{B}$ die Anwendung der Eigenwertaufgabe an, da die Berechnung von Eigenwerten einer Matrix heute zum Standard einer Programmbibliothek gehört. Sind die Eigenwerte und Eigenvektoren bekannt, kann die Lösung im gesamten Integrationsintervall angegeben werden, was meistens mit einer erheblichen Rechenzeitersparnis gegenüber der schrittweisen Integration verbunden ist.

5. Mathematische Ergänzungen

5.1 Normalformen der partiellen Differentialgleichung 2.Ordnung

Ergänzung zu Abschnitt 2.1

In der partiellen Differentialgleichung 2.Ordnung

$$A(x,y)z_{xx} + 2B(x,y)z_{xy} + C(x,y)z_{yy} = F(x,y,z,z_x,z_y) \tag{5.1}$$

werden die Funktionen A,B,C und F als stetig differenzierbar vorausgesetzt. Man kann Gl. (5.1) durch geeignete Transformationen der unabhängigen Veränderlichen x,y auf einfachere Normalformen bringen. Sind

$$\xi = \xi(x,y) \qquad \text{und} \qquad \eta = \eta(x,y)$$

die neuen Veränderlichen, und ist die Auflösbarkeit nach x und y gewährleistet, so geht die Funktion z(x,y) in die Funktion $u(\xi,\eta)$ über, und es ist

$$\begin{aligned}
z_x &= u_\xi \xi_x + u_\eta \eta_x \qquad\qquad z_y = u_\xi \xi_y + u_\eta \eta_y \\
z_{xx} &= u_{\xi\xi}\xi_x^2 + 2u_{\xi\eta}\xi_x\eta_x + u_{\eta\eta}\eta_x^2 + u_\xi \xi_{xx} + u_\eta \eta_{xx} \\
z_{yy} &= u_{\xi\xi}\xi_y^2 + 2u_{\xi\eta}\xi_y\eta_y + u_{\eta\eta}\eta_y^2 + u_\xi \xi_{yy} + u_\eta \eta_{yy} \\
z_{xy} &= u_{\xi\xi}\xi_x\xi_y + u_{\xi\eta}\left[\xi_x\eta_y + \eta_x\xi_y\right] + u_{\eta\eta}\eta_x\eta_y + u_\xi \xi_{xy} + u_\eta \eta_{xy}
\end{aligned} \tag{5.2}$$

Die transformierte Differentialgleichung hat eine zu (5.1) analoge Form

$$a(\xi,\eta)u_{\xi\xi} + 2b(\xi,\eta)u_{\xi\eta} + c(\xi,\eta)u_{\eta\eta} = f(\xi,\eta,u,u_\xi,u_\eta) \tag{5.3}$$

mit den Koeffizientenfunktionen

$$a(\xi,\eta) = A\xi_x^2 + 2B\xi_x\xi_y + C\xi_y^2 \tag{5.4a}$$

$$b(\xi,\eta) = A\xi_x\eta_x + B\left[\xi_x\eta_y + \eta_x\xi_y\right] + C\xi_y\eta_y \tag{5.4b}$$

$$c(\xi,\eta) = A\eta_x^2 + 2B\eta_x\eta_y + C\eta_y^2 \quad . \tag{5.4c}$$

Alle Glieder, die keine partiellen Ableitungen zweiter Ordnung enthalten, sind in der Funktion f zusammengefaßt. Die Funktionen a,b und c sind selbst partielle Differentialgleichungen erster Ordnung zweiten Grades. Durch eine geeignete Wahl der Koordinaten $\xi(x,y)$ und $\eta(x,y)$ können diese wechselweise zu Null gemacht werden, wodurch sich die Differentialgleichung (5.3) vereinfachen läßt. Werden für ξ und η die beiden einparametrigen Kurvenscharen

$$\xi(x,y) = C_1 \qquad \text{und} \qquad \eta(x,y) = C_2 \tag{5.5}$$

angenommen, so ergibt das vollständige Differential dieser Funktionen

$$d\xi \equiv \xi_x dx + \xi_y dy = 0 \qquad d\eta \equiv \eta_x dx + \eta_y dy = 0$$

die beiden Differentialgleichungen

$$y' = \lambda_1 \qquad \lambda_1 = -\ \xi_x/\xi_y \tag{5.6a}$$

$$y' = \lambda_2 \qquad \lambda_2 = -\ \eta_x/\eta_y \quad . \tag{5.6b}$$

Setzt man die Ableitungen

$$\xi_x = -\ \lambda_1\xi_y \qquad \eta_x = -\ \lambda_2\eta_y$$

in die Koeffizientenfunktionen a,b und c ein, erhält man

$$a = \left[A\lambda_1^2 - 2B\lambda_1 + C\right]\xi_y^2 \tag{5.7a}$$

$$b = \left[A\lambda_1\lambda_2 - B\{\lambda_1 + \lambda_2\} + C\right]\xi_y\eta_y \tag{5.7b}$$

$$c = \left[A\lambda_2^2 - 2B\lambda_2 + C\right]\eta_y^2 \quad . \tag{5.7c}$$

Die Koeffizienten a und c sind Null, wenn die Differentialgleichung

$$A\,y'^2 - 2B\,y' + C = 0 \tag{5.8}$$

erfüllt ist. Dies ist für

$$\lambda_1 = \frac{B+\sqrt{B^2-AC}}{A} \tag{5.9a}$$

und

$$\lambda_2 = \frac{B-\sqrt{B^2-AC}}{A} \tag{5.9b}$$

der Fall. Die Lösungen dieser Differentialgleichungen

$$y = y_1(x;C_1) \qquad \text{und} \qquad y = y_2(x;C_2)$$

stellen zwei einparametrige Kurvenscharen in der x,y-Ebene dar, die in der impliziten Form der Gl. (5.5) die <u>charakteristischen Kurven</u> der Differentialgleichung (5.1) genannt werden. Aufgrund der Beziehung

$$\lambda_1 + \lambda_2 = \frac{2B}{A} \qquad \text{und } \lambda_1\lambda_2 = \frac{C}{A} \quad , \tag{5.10}$$

erhält man für den Koeffizienten b (Gl. (5.7b))

$$b = 2\,\frac{AC-B^2}{A}\,\xi_y\eta_y \quad . \tag{5.11}$$

Wegen der Diskriminante

$$D = B^2 - A\,C \tag{5.12}$$

haben wir folgende Fälle zu unterscheiden:

1) <u>D>O, zwei reelle Kurvenscharen, hyperbolischer Fall</u>
λ_1 und λ_2 sind reell. Es existieren zwei Scharen reeller Charakteristiken $\xi(x,y)=C_1$ und $\eta(x,y)=C_2$, so daß mittels der reellen Transformation $\xi=\xi(x,y)$ und $\eta=\eta(x,y)$ die beiden Koeffizienten $a(\xi,\eta)$ und $c(\xi,\eta)$ verschwinden. Wegen Gl. (5.11) ist $b(\xi,\eta)\neq 0$ und Gl. (5.3) geht in die Normalform über

$$u_{\xi\eta} = f_1(\xi,\eta,u,u_\xi,u_\eta) \quad . \tag{5.13}$$

Mit einer erneuten Koordinatentransformation

$$x = \frac{1}{2}(\xi+\eta) \qquad\qquad y = \frac{1}{2}(\xi-\eta)$$

$$\xi = x + y \qquad\qquad \eta = x - y$$

läßt sich anhand der letzten Zeile von Gl. (5.2) aus Gl. (5.13) die Normalform

$$u_{xx} - u_{yy} = f_1^* \tag{5.14}$$

ableiten.

2) <u>D=O, eine reelle Kurvenschar, parabolischer Fall</u>

Für D=O folgt aus Gl. (5.9a,b), daß nur eine Differentialgleichung und eine Lösungsschar zur Verfügung stehen. Mit den Funktionen

$$\xi = x \qquad\qquad \eta(x,y) = C_2 \tag{5.15}$$

nehmen die Koeffizienten (5.4) die Werte an a=A; b=O folgt aus Gl. (5.11); c=O folgt aus Gl. (5.7c). Damit geht Gl. (5.1) in die Normalform

$$u_{\xi\xi} = f_2(\xi,\eta,u,u_\xi,u_\eta) \tag{5.16}$$

über.

3) <u>D<O, zwei komplexe Kurvenscharen, elliptischer Fall</u>

Für D<O sind λ_1 und λ_2 konjugiert komplex. Die Charakteristiken $\xi(x,y)=C_1$ und $\eta(x,y)=C_2$ sind zwei komplexe Kurvenscharen. Um zu einer reellen Normalform zu kommen, setzt man

$$\xi + j\eta = \varphi(x,y) \qquad\qquad \xi - j\eta = \psi(x,y) \quad , \tag{5.17}$$

woraus folgt

$$\xi(x,y) = \frac{1}{2}(\psi + \varphi) \qquad\qquad \eta(x,y) = \frac{j}{2}(\psi - \varphi) \quad . \tag{5.18}$$

Setzt man ξ und η in die Koeffizientengleichungen (5.4) ein, erhält man für a und c zwei reelle Ausdrücke und für b eine imaginäre Gleichung. Befriedigen die aus den Charakteristiken folgenden expliziten Funktionen $y=y_1(x;C_1)$ und $y=y_2(x;C_2)$

die Differentialgleichung (5.8), dann verschwindet die Gleichung für b und die beiden Koeffizienten a und c werden gleich groß. Damit erhalten wir als Normalform

$$u_{\xi\xi} + u_{\eta\eta} = f_3(\xi,\eta,u,u_\xi,u_\eta) \quad . \qquad (5.19)$$

Zusammenfassend schreiben wir die drei erhaltenen Normalformen wieder in den Variablen x,y

$$\left.\begin{aligned} z_{xy} &= f(x,y,z,z_x,z_y) \qquad (5.20a) \\ z_{xx} - z_{yy} &= f(x,y,z,z_x,z_y) \qquad (5.20b) \end{aligned}\right\} D>0$$

$$z_{xx} = f(x,y,z,z_x,z_y) \qquad D=0 \qquad (5.20c)$$

$$z_{xx} + z_{yy} = f(x,y,z,z_x,z_y) \qquad D<0 \quad . \qquad (5.20d)$$

Aus der Abhängigkeit der Diskriminante $D=B^2-AC$ von den Koordinaten x,y folgt, daß die Differentialgleichung (5.1) unter Umständen ihren Typ innerhalb der x,y-Ebene ändern kann [25, Band III].

5.2 Variationsrechnung

5.2.1 Die Euler'sche Differentialgleichung

Die Variationsrechnung stellt sich die Aufgabe, Extremwerte von bestimmten Integralen, die im einfachsten Fall von der Form

$$J(y) = \int_{x_0}^{x_1} F(x,y(x),y'(x))\,dx \qquad (5.21)$$

sind, zu berechnen. Einen derartigen Integralausdruck bezeichnet man als Funktionenfunktion, da die Grundfunktion F außer von der unabhängigen Veränderlichen x noch von der

<u>Argumentfunktion</u> y(x) und ihrer Ableitung y'(x) abhängt. Ein einfaches Beispiel für eine solche Extremwertaufgabe ist die Berechnung der kürzesten Verbindungsstrecke zwischen den Punkten (x_0, y_0) und (x_1, y_1) in der x,y-Ebene, die sich aus dem Minimalwert des Integrals

$$L = \int_{x_0}^{x_1} \sqrt{1+y'^2}\, dx$$

berechnen läßt und gleich der Geraden ist, die die beiden Punkte verbindet.

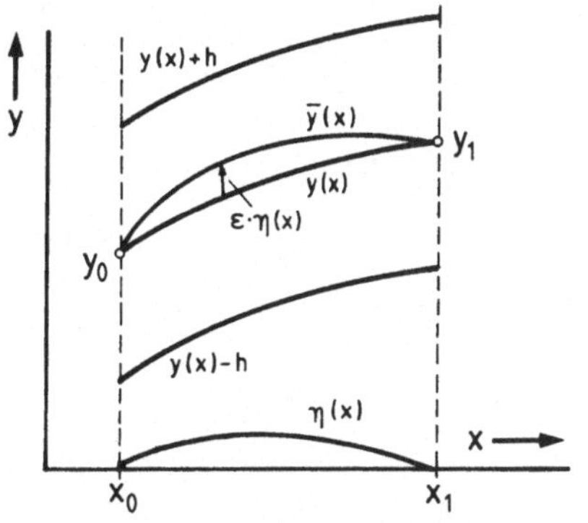

Bild 5.1 Erläuterung im Text

Der Grundgedanke zur Lösung der Variationsaufgabe läßt sich anschaulich anhand von Bild 5.1 erklären. Ist y(x) die gesuchte Argumentfunktion, die J(y) zu einem Extremwert führt, so existieren in ihrer "Nachbarschaft" Funktionen $\bar{y}(x)$, für die gilt

$$|\bar{y}(x) - y(x)| < h .$$

Die Funktionen $\bar{y}(x)$ werden <u>zulässige Vergleichsfunktionen</u> und $\delta y(x)$ <u>Variationen</u> der Lösungsfunktion y(x) genannt. Läßt sich nun eine Funktion $\bar{y}(x)$ für beliebig kleines h bestimmen, so kommt die Vergleichsfunktion der Lösungsfunktion beliebig nahe und kann daher als Lösung der Aufgabe angesehen werden. Die Variation $\delta y(x)$ wird mit Hilfe einer im Intervall $x_0 \le x \le x_1$ definierten, willkürlichen Funktion $\eta(x)$, die stetige zweite Ableitungen besitzt und die Bedingung $\eta(x_0) = \eta(x_1) = 0$ erfüllt, dargestellt. Mit

$$\delta y(x) = \varepsilon\, \eta(x) \tag{5.22}$$

hat die Vergleichsfunktion die Form

$$\bar{y}(x) = y(x) + \varepsilon\,\eta(x) \quad . \tag{5.23}$$

Wenn der Betrag des Parameters ε hinreichend klein ist

$$|\varepsilon| < \frac{h}{\max|\eta(x)|} \quad , \tag{5.24}$$

liegen alle variierten Funktionen $\bar{y}(x)$ in der geforderten Nachbarschaft der Extremalen $y(x)$, d.h. $y(x)$ ist eingebettet in eine Funktionenschar $\bar{y}(x;\varepsilon)$ mit dem Scharparameter ε. Setzen wir $\bar{y}(x)$ in Gl. (5.21) ein, so ist das Integral

$$J(\bar{y}) = \int_{x_0}^{x_1} F(x, y+\varepsilon\eta, y'+\varepsilon\eta')\,dx \tag{5.25}$$

eine Funktion von ε, das für $\varepsilon=0$ ein Minimum annehmen soll, was gleichbedeutend ist mit der Bedingung

$$\left.\frac{\partial J}{\partial\varepsilon}\right|_{\varepsilon=0} = 0 \quad . \tag{5.26}$$

Die Differentiation unter dem Integralzeichen ergibt

$$\frac{\partial J}{\partial\varepsilon} = \int_{x_0}^{x_1} \left(\frac{\partial F}{\partial\bar{y}}\frac{\partial\bar{y}}{\partial\varepsilon} + \frac{\partial F}{\partial\bar{y}'}\frac{\partial\bar{y}'}{\partial\varepsilon} \right) dx$$

$$= \int_{x_0}^{x_1} (F_{\bar{y}}\,\eta + F_{\bar{y}'}\,\eta')\,dx \quad . \tag{5.27a}$$

An der Stelle $\varepsilon=0$ ist $F_{\bar{y}}=F_y$ und $F_{\bar{y}'}=F_{y'}$, so daß

$$\frac{\partial J(0)}{\partial\varepsilon} = \int_{x_0}^{x_1} (F_y\,\eta + F_{y'}\,\eta')\,dx \quad . \tag{5.27b}$$

Auf den zweiten Teil des Integrals wenden wir die partielle Integration an und erhalten damit für Gl. (5.26)

$$\frac{\partial J(0)}{\partial\varepsilon} \equiv \int_{x_0}^{x_1} \eta\left(F_y - \frac{d}{dx}F_{y'}\right) dx + F_{y'}\,\eta\Big|_{x_0}^{x_1} = 0 \quad . \tag{5.28}$$

Sind für $y(x)$ die Randwerte $y(x_0)=y_0$, $y(x_1)=y_1$ vorgegeben, so werden die Vergleichsfunktionen dieselben Werte annehmen, da die Funktion $\eta(x)$ die Bedingung $\eta(x_0)=\eta(x_1)=0$ erfüllt. Damit folgt aus Gl. (5.28)

$$\int_{x_0}^{x_1} \eta(F_y - \frac{d}{dx}F_{y'})\, dx = 0 \quad . \tag{5.29}$$

Nun gilt für die Variationsrechnung folgender Fundamentalsatz:

Wenn für alle am Rande verschwindenden und mit den beiden ersten Ableitungen stetigen Funktionen $\eta(x)$ die Beziehung

$$\int_{x_0}^{x_1} \eta(x)\, \varphi(x)\, dx = 0 \tag{5.30}$$

besteht, wobei $\varphi(x)$ eine stetige Funktion von x ist, so ist $\varphi(x)\equiv 0$. Dieser Satz läßt sich indirekt beweisen, worauf wir aber verzichten wollen.

Aus dem Fundamentalsatz folgt die Euler'sche Differentialgleichung

$$[F]_y \equiv F_y - \frac{d}{dx}F_{y'} = 0 \quad , \tag{5.31}$$

eine Differentialgleichung 2.Ordnung, deren Bestehen eine notwendige Bedingung für das Vorliegen eines Extremums ist. Ihr allgemeines Integral $y=y(x;C_1,C_2)$ besitzt zwei Integrationskonstanten und stellt eine zweiparametrige Integralkurvenschar dar, die man die Extremalen des Variationsproblems nennt. Die Integrationskonstanten werden in diesem Fall durch die Randbedingungen festgelegt

$$y(x_0;C_1,C_2) = y_0 \qquad y(x_1;C_1,C_2) = y_1 \quad .$$

Als erste Variation des Integrals $J(y)$ bezeichnet man den aus Gl. (5.28) folgenden Ausdruck

$$\delta J = \varepsilon \frac{\partial J(0)}{\partial \varepsilon} = \int_{x_0}^{x_1} [F]_y \, \delta y \, dx + F_{y'} \, \delta y \Big|_{x_0}^{x_1} \quad . \tag{5.32}$$

Das Verschwinden der ersten Variation des Integrals, also $\delta J=0$, ist die notwendige Bedingung für einen Extremwert des Integrals.

Die Aufgabe, das über ein Gebiet G erstreckte Flächenintegral

$$J = \iint F(x,y,u,u_x,u_y) \, dx \, dy \tag{5.33}$$

zum Extremum zu führen, ist ein Variationsproblem mit zwei unabhängigen Variablen, wobei $u=u(x,y)$ eine Funktion mit stetigen Ableitungen bis zur zweiten Ordnung und mit vorgegebenen Randwerten sein soll. Außerdem verstehen wir unter $\eta(x,y)$ eine willkürliche Funktion, die die Randbedingung $\eta=0$ erfüllen soll. Damit erhalten wir als Vergleichsfunktion

$$\bar{u} = u + \varepsilon\eta \quad . \tag{5.34}$$

Eine notwendige Bedingung für ein Extremum des Integrals ist das Verschwinden der ersten Variation

$$\delta J = \varepsilon \left. \frac{\partial J}{\partial \varepsilon} \right|_{\varepsilon=0} = \varepsilon \left[\frac{\partial}{\partial \varepsilon} J(u+\varepsilon\eta) \right]_{\varepsilon=0} = 0 \quad . \tag{5.35}$$

Die Differentiation unter dem Integralzeichen ergibt

$$\frac{\partial J}{\partial \varepsilon} = \iint \left(\frac{\partial F}{\partial \bar{u}} \frac{\partial \bar{u}}{\partial \varepsilon} + \frac{\partial F}{\partial \bar{u}_x} \frac{\partial \bar{u}_x}{\partial \varepsilon} + \frac{\partial F}{\partial \bar{u}_y} \frac{\partial \bar{u}_y}{\partial \varepsilon} \right) dx \, dy \quad , \tag{5.36}$$

und an der Stelle $\varepsilon=0$ folgt daraus

$$\frac{\partial J(0)}{\partial \varepsilon} = \iint \left(F_u \eta + F_{u_x} \eta_x + F_{u_y} \eta_y \right) dx \, dy \quad . \tag{5.37}$$

Auf die beiden letzten Terme unter dem Integralzeichen wenden wir die Produktenregel an

$$F_{u_x}\eta_x + F_{u_y}\eta_y = \frac{\partial}{\partial x}\left(\eta F_{u_x}\right) - \eta\frac{\partial}{\partial x}F_{u_x} + \frac{\partial}{\partial y}\left(\eta F_{u_y}\right) - \eta\frac{\partial}{\partial y}F_{u_y}$$

und erhalten damit

$$\frac{\partial J(0)}{\partial \varepsilon} = \iint \eta\left[F_u - \frac{\partial}{\partial x}F_{u_x} - \frac{\partial}{\partial y}F_{u_y}\right]dx\,dy + \iint\left[\frac{\partial}{\partial x}\left(\eta F_{u_x}\right) + \frac{\partial}{\partial y}\left(\eta F_{u_y}\right)\right]dx\,dy\,. \tag{5.38}$$

Das zweite Integral können wir nach dem Gauß'schen Integralsatz

$$\oint(P\,dx + Q\,dy) = \iint\left(\frac{\partial Q}{\partial x} - \frac{\partial P}{\partial y}\right)dx\,dy$$

in das Randintegral

$$\oint \eta\left(F_{u_x}\,dy - F_{u_y}\,dx\right)$$

umformen, womit wir als erste Variation erhalten

$$\begin{aligned}\delta J &= \varepsilon\iint \eta\left(F_u - \frac{\partial}{\partial x}F_{u_x} - \frac{\partial}{\partial y}F_{u_y}\right)dx\,dy \\ &\quad + \varepsilon\oint \eta\left(F_{u_x}\,dy - F_{u_y}\,dx\right) \\ &= \iint \delta u\,\left[F\right]_u\,dx\,dy + \oint \delta u\left(F_{u_x}\,dy - F_{u_y}\,dx\right) = 0\,.\end{aligned} \tag{5.39}$$

Das Randintegral ist identisch Null, da auf dem Rand $\eta=0$ und damit $\delta u=0$ vorausgesetzt wird. Da der Fundamentalsatz auch für Mehrfachintegrale gilt, ergibt sich als notwendige Bedingung die Euler'sche Differentialgleichung

$$[F]_u \equiv F_u - \frac{\partial}{\partial x} F_{u_x} - \frac{\partial}{\partial y} F_{u_y} = 0 \quad . \tag{5.40}$$

Aus der Mannigfaltigkeit aller Lösungen dieser partiellen Differentialgleichung muß diejenige, die die gestellten Randbedingungen erfüllt, bestimmt werden. Eine Lösung der hiermit gestellten Randwertaufgabe führt das Integral (5.33) zum Extremum. Der Variationsaufgabe ist eine Randwertaufgabe zugeordnet. Umgekehrt kann nicht zu jeder Randwertaufgabe eine Grundfunktion F und damit eine Variationsaufgabe angegeben werden.

5.2.2 Randbedingungen

Wenn bei der Bestimmung von Funktionen in einem festen Grundgebiet diesen keine Randbedingungen auferlegt sind, spricht man von freien Rändern. Sind bei dem einfachen Variationsproblem nach Gl. (5.21) am Rande $x=x_0$, $x=x_1$ für die Argumentfunktion $y(x)$ keine Bedingungen gestellt, erhalten wir die notwendigen Bedingungen für $\delta J=0$ aus Gl. (5.32). Neben der Euler'schen Differentialgleichung muß wegen der Willkür von δy am Rande die natürliche Randbedingung

$$F_{y'} = 0 \quad \text{für} \quad x=x_0 \quad \text{und} \quad x=x_1 \tag{5.41}$$

erfüllt sein. Treten in einem Variationsproblem Randwerte explizit auf

$$J = \int_{x_0}^{x_1} F(x,y,y')\,dx - \varphi(y_0) + \psi(y_1) \quad , \tag{5.42}$$

dann lautet die erste Variation

$$\delta J = \int_{x_0}^{x_1} [F]_y\,\delta y\,dx + \left[\psi_y(y_1) + F_{y'}(x_1,y(x_1),y'(x_1))\right]\delta y_1 - \left[\varphi_y(y_0) + F_{y'}(x_0,y(x_0),y'(x_0))\right]\delta y_0 \tag{5.43}$$

mit den natürlichen Randbedingungen

$$F_{y'} + \varphi_y = 0\Big|_{x_0} \qquad F_{y'} + \psi_y = 0\Big|_{x_1} \quad . \tag{5.44}$$

Im Problem mit zwei unabhängigen Variablen lautet die zu Gl. (5.42) analoge Aufgabe

$$J = \iint F(x,y,u,u_x,u_y)\ dx\ dy + \oint_C R(s,u,u_s)\ ds \ , \tag{5.45}$$

$x=x(s)$, $y=y(s)$ ist die Parameterdarstellung der Randkurve C in der x,y-Ebene. $R(s,u,u_s)$ ist die vorgegebene Randfunktion. Die erste Variation ist

$$\delta J = \iint [F]_u\ \delta u\ dx\ dy + \oint_C \left(F_{u_x} \frac{dy}{ds} - F_{u_y} \frac{dx}{ds} + [R]_u\right) \delta u\ ds \tag{5.46}$$

mit

$$[R]_u = R_u - \frac{d}{ds} R_{u_s}$$

und den natürlichen Randbedingungen

$$F_{u_x} \frac{dy}{ds} - F_{u_y} \frac{dx}{ds} + R_u - \frac{d}{ds} R_{u_s} = 0 \quad . \tag{5.47}$$

Als Anwendungsbeispiel wird in Abschnitt 2.4.3 die Variationsaufgabe zur Berechnung des magnetischen Feldes behandelt.

5.2.3 Direkte Lösungsmethoden der Variationsaufgabe

Die Lösung des Variationsproblems ergibt als notwendige Bedingung, daß die Grundfunktion der Euler'schen Differentialgleichung genügen muß. Dadurch wird das Variationsproblem in eine Randwertaufgabe übergeführt. Es ist daher denkbar, daß zu bestimmten Differentialgleichungen auch ein Variationsproblem existieren muß. Die Bedeutung des Überführens von Randwertaufgaben in Variationsprobleme liegt darin, daß das äquivalente Variationsproblem gleichzeitig die Differentialgleichung und die Randbedingungen in sich einschließt. Es liegt daher nahe, Randwertaufgaben nicht in ihrer differentiellen Form zu lösen, sondern unmittelbar aus der Extremalforderung des äquivalenten Variationsausdruckes die Lösung zu ermitteln.

5.2.3.1 Verfahren von Ritz (Reihenansatz)

Wir betrachten das einer Randwertaufgabe äquivalente Variationsproblem

$$J(y) = \text{Extr.} \quad , \tag{5.48}$$

d.h. das Integral $J(y)$ nimmt für eine der zulässigen Vergleichsfunktionen $\bar{y}$, nämlich für die Lösung der äquivalenten Randwertaufgabe, einen Extremwert an. Nach W. Ritz wählen wir den linearen Ansatz

$$\bar{y}_p = v_0 + \sum_{\nu=1}^{p} c_\nu \, v_\nu(x) \quad , \tag{5.49}$$

in dem die Koordinatenfunktionen v_0, v_ν geeignet ausgewählte, linear unabhängige Funktionen der unabhängigen Veränderlichen sind und die Parameter c_ν so bestimmt werden, daß das Integral $J(\bar{y}_p)$ einen Extremwert $J(y_p)$ annimmt. Kommt $J(y_p)$ dem Integral $J(y)$ nahe, so wird y_p eine Näherungslösung von y sein. Die Zahl der im Ansatz erforderlichen Glieder wird von den Koordinatenfunktionen v_ν abhängen. Man wird sie jeweils der Eigenart der gestellten Aufgabe anpassen. Mit dem Ansatz (5.49) ist $J(\bar{y}_p)$ als eine Funktion der Parameter c_ν anzusehen, und die notwendige Bedingung für ein Extremum von $J(\bar{y}_p)$

$$\frac{\partial}{\partial c_\mu} J(c_1, c_2, \ldots, c_p) = 0 \qquad \mu = 1, 2, \ldots p \tag{5.50}$$

ergibt die p Ritz'schen Gleichungen zur Bestimmung der Parameterwerte (Beispiel siehe [34,S.505]).

5.2.3.2 Verfahren von Galerkin

Galerkin hat ein Verfahren angegeben, mit dem die Bedingungsgleichungen für die c_ν zu erhalten sind, ohne die Grundfunktion F des zugehörigen Variationsintegrals zu kennen. Es ist außerdem auch dann anwendbar, wenn ein Zusammenhang der Randwertaufgabe mit einem Variationsproblem nicht besteht. Wir betrachten das Randwertproblem

$$G(x,y,y',y'') = 0$$

$$y(x_0) = y_0 \qquad y(x_1) = y_1 \tag{5.51}$$

mit dem zugehörigen Variationsproblem

$$J(y) = \int_{x_0}^{x_1} F(x,y,y')\,dx = \text{Extr.}\ , \qquad y(x_0)=y_0\ , \quad y(x_1)=y_1\ . \tag{5.52}$$

Der Ritz'sche Ansatz lautet

$$\bar{y}_p = v_0(x) + \sum_{\nu=1}^{p} c_\nu\, v_\nu(x) \tag{5.53}$$

mit

$$v_0(x_0) = y_0 \qquad v_0(x_1) = y_1$$

$$v_\nu(x_0) = 0 \qquad v_\nu(x_1) = 0\ .$$

Aus den Ritz'schen Gleichungen

$$\frac{\partial}{\partial c_\mu} J(c_1,c_2,\ldots,c_p) = 0 \qquad \mu=1,2,\ldots,p$$

folgt

$$\frac{\partial}{\partial c_\mu} J(\bar{y}_p) = \int_{x_0}^{x_1} \left[\frac{\partial F}{\partial \bar{y}_p} \frac{\partial \bar{y}_p}{\partial c_\mu} + \frac{\partial F}{\partial \bar{y}'_p} \frac{\partial \bar{y}'_p}{\partial c_\mu} \right] dx$$

$$= \int_{x_0}^{x_1} \left[\frac{\partial F}{\partial \bar{y}_p} v_\mu + \frac{\partial F}{\partial \bar{y}'_p} v'_\mu \right] dx = 0 \quad .$$

Die partielle Integration ergibt

$$\frac{\partial J}{\partial c_\mu} = \frac{\partial F}{\partial \bar{y}'_p} v_\mu \Big|_{x_0}^{x_1} + \int_{x_0}^{x_1} \left[\frac{\partial F}{\partial \bar{y}_p} - \frac{d}{dx} \frac{\partial F}{\partial \bar{y}'_p} \right] v_\mu \, dx = 0 \tag{5.54}$$

Der erste Term verschwindet infolge der für die Koordinatenfunktionen gültigen Randbedingungen. Der Euler'sche Differentialausdruck entspricht der Differentialgleichung in (5.51). Damit gelten die Galerkin'schen Gleichungen

$$\int_{x_0}^{x_1} G(x,\bar{y}_p,\bar{y}'_p,y''_p) \; v_\mu \; dx = 0 \qquad \mu=1,2,\ldots,p \quad . \tag{5.55}$$

Die Koeffizienten c_ν sind so zu bestimmen, daß der Ausdruck $G(x,\bar{y}_p,\bar{y}'_p,\bar{y}''_p)$ zu den Koordinatenfunktionen $v_\nu(x)$ orthogonal ist. Das Galerkinverfahren wird in Abschnitt 2.4.3.2 bei der Berechnung von Wirbelstromfeldern angewendet.

5.3 Hamiltonprinzip

Ein System von n Freiheitsgraden wird durch die zeitabhängigen Koordinaten $q_1,q_2,\ldots,q_n$ charakterisiert. Als Lagrange-Energie L wird die Differenz der potentiellen Energie

$$W_p = W_p(q_1,q_2,\ldots,q_n,t) \tag{5.56}$$

und der kinetischen Energie des Systems

$$W_k = W_k(\dot{q}_1,\dot{q}_2,\ldots,\dot{q}_n,q_1,q_2,\ldots,q_n,t), \quad \dot{q}_i = \frac{dq_i}{dt} \tag{5.57}$$

definiert

$$L = W_p - W_k \quad . \tag{5.58}$$

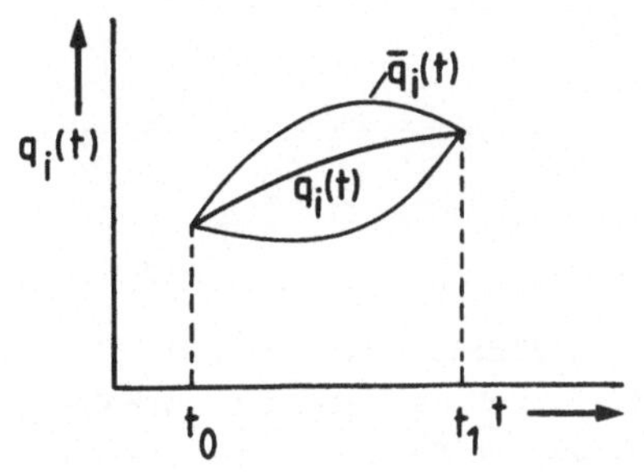

Bild 5.2 Zum Hamiltonprinzip

Das Hamiltonprinzip besagt:
Für verschiedene, sog. virtuelle Bewegungen $\bar{q}_i(t)$ wird der tatsächliche Ablauf durch diejenige Funktion $q_i(t)$ beschrieben, die das Integral

$$J = \int_{t_0}^{t_1} L\,dt \qquad (5.59)$$

zum Minimum führt, d.h. die erste Variation des Integrals muß gleich Null sein $\delta J=0$. Diese Bedingung ist aber erfüllt, wenn $q_i(t)$ die Euler'sche Differentialgleichung der Variationsrechnung erfüllt

$$\frac{\partial}{\partial t}\frac{\partial L}{\partial \dot{q}_i} - \frac{\partial L}{\partial q_i} = 0 \qquad i=1,2,\ldots,n \quad . \qquad (5.60)$$

Das unter der Bezeichnung Lagrange'sche Bewegungsgleichung bekannte Differentialgleichungssystem setzt sich aus den Euler'schen Differentialgleichungen für jeden Koordinatenpunkt zusammen.

5.4 Die Lagrange-Energie des magnetischen Feldes

Ein von Magnetfeldern erfüllter Raum hat einen Energieinhalt

$$W_m = \underset{\text{(Feldraum)}}{\iiint} w_m\,dv = \frac{1}{2}\underset{\text{(Feldraum)}}{\iiint} \vec{H}\,\vec{B}\,dv \qquad (5.61)$$

mit der Energiedichte

$$w_m = \frac{1}{2}\vec{H}\,\vec{B} \quad . \qquad (5.62)$$

Werden diese Magnetfelder nur von stromdurchflossenen Leitern mit der Stromdichte $\vec{S}$ verursacht, so läßt sich Gl. (5.61) umformen, sofern die Bedingung erfüllt ist, daß die Leiterströme nicht bis zur Fernkugel fließen

$$W_m = \frac{1}{2} \iiint_{(\text{Leiter})} \vec{V}\,\vec{S}\,dv \tag{5.63}$$

$$w_m = \frac{1}{2}\,\vec{V}\,\vec{S} \quad . \tag{5.64}$$

Die Integration kann auf die stromführenden Leiter beschränkt werden. Feldanteile, die durch im Feldraum vorhandene Permanentmagnete oder durch außerhalb des Raumgebietes vorhandene magnetische Quellen erzeugt werden, sind in den speziellen Gleichungen (5.63) und (5.64) nicht mehr berücksichtigt [6]. Für die Lagrange-Energiedichte machen wir den Ansatz

$$\mathcal{L} = \frac{1}{2}\,\vec{H}\,\vec{B} - k\,\vec{V}\,\vec{S} \quad . \tag{5.65}$$

k ist eine zu bestimmende Konstante. Mit den in Abschnitt 2.4 zusammengestellten Beziehungen

$$B = \mu\,H \quad , \qquad B = \text{rot}\,\vec{V} \quad ,$$

$$\text{rot}\,\vec{V} = e_x\,\frac{\partial V}{\partial y} - e_y\,\frac{\partial V}{\partial x}$$

erhält man in kartesischen Koordinaten für die Energiedichte im Zweidimensionalen

$$\mathcal{L} = \frac{1}{2\mu}\left[\left(\frac{\partial V}{\partial x}\right)^2 + \left(\frac{\partial V}{\partial y}\right)^2\right] - k\,V\,S \quad . \tag{5.66}$$

Das Variationsprinzip kann nun in folgender Weise geschrieben werden

$$\delta \int_0^{y_1}\int_0^{x_1} \mathcal{L}\;dx\,dy = 0 \quad . \tag{5.67}$$

Als Lösung dieses Variationsproblems erhält man die Euler-Gleichung (5.40) in der Form

$$\frac{\partial}{\partial x}\left[\frac{\partial \mathcal{L}}{\partial\left(\frac{\partial V}{\partial x}\right)}\right] + \frac{\partial}{\partial y}\left[\frac{\partial \mathcal{L}}{\partial\left(\frac{\partial V}{\partial y}\right)}\right] - \frac{\partial \mathcal{L}}{\partial V} = 0 \quad . \tag{5.68}$$

Wendet man die Euler-Gleichung auf die Lagrange-Dichte (5.66) an, so ergibt sich die Gleichung

$$\frac{\partial}{\partial x}\left[\frac{1}{\mu}\frac{\partial V}{\partial x}\right] + \frac{\partial}{\partial y}\left[\frac{1}{\mu}\frac{\partial V}{\partial y}\right] = - k\ S \quad , \qquad (5.69)$$

die für k=1 mit der Poisson'schen Differentialgleichung (Gl. (2.54) für S_w=0)

$$\Delta V = \frac{\partial^2 V}{\partial x^2} + \frac{\partial^2 V}{\partial y^2} = -\mu S \qquad (5.70)$$

übereinstimmt. Damit hat sich der Ansatz nach Gl.(5.65) für die Lagrange-Dichte als richtig erwiesen. Die Poisson'sche Gleichung ist die Euler'sche Differentialgleichung der ersten Variation der magnetischen Lagrange-Energie

$$L = \iint \left(\frac{1}{2\mu} B^2 - V\ S\right) dx\ dy \quad , \qquad (5.71)$$

welche nach dem Hamilton'schen Variationsprinzip ein Minimum annehmen muß.

Ergänzende Darstellungen zu diesem Abschnitt sind in [14], [15] und [25] zu finden.

6. Beispiele

Die folgenden Beispiele wurden ausgewählt, um den Leser in die praktische Anwendung der numerischen Rechenverfahren einzuführen. Es handelt sich um kleine Übungsaufgaben, die geeignet sind, die Problemstellungen und Rechenabläufe in kurzer überschaubarer Form aufzuzeigen, wobei in einigen Fällen Tischrechner genügen, um sich mit den verschiedenen Verfahren vertraut zu machen.

Die rechentechnischen Abläufe werden durch schematische Flußdiagramme wiedergegeben, die sich an die Programmiersprachen ALGOL 60 [35] und FORTRAN IV [36] anlehnen. Zur Vereinfachung werden folgende Darstellungen gewählt:

1. Die in Block 1 (Bl.1) dargestellt Laufvariable i nimmt nacheinander die Werte $i_1, i_2, \ldots, i_n$ an, nachdem die innerhalb des Blockes aufgeführten Anweisungen $A_1, A_2 \ldots$ nacheinander von links nach rechts und Zeile für Zeile abgearbeitet worden sind.

   1

$i=i_1, i_2, \ldots, i_n$
$A_1=\ldots;\ A_2=\ldots$ $A_3=\ldots;\ A_4=\ldots$

2. Die einzelnen Anweisungen werden nach Möglichkeit in mathematischer Schreibweise unter Verwendung von Matrizen, Vektoren und Indizes formuliert.
3. Unterprogramme sind Bestandteil jeder höheren Programmiersprache und gestatten eine rationelle Bearbeitung von Programmierabschnitten für verschiedene Eingangsparameter. Die Unterprogramme werden durch ihren Namen und mit den wichtigsten Übergabeparametern aufgerufen.

Es sei darauf hingewiesen, daß die Flußdiagramme den prinzipiellen Rechenablauf wiedergeben und nicht unbedingt in Bezug auf Speicherplatzbedarf und Rechenzeit eine optimale Lösung darstellen, da diese von der verwendeten Programmiersprache abhängt.

<u>Beispiel 1</u> Dreieckszerlegung einer unsymmetrischen Matrix

Die Koeffizientenmatrix sei quadratisch

$$\underline{A} = \begin{bmatrix} a_{11} & a_{12} & a_{13} & a_{14} \\ a_{21} & a_{22} & a_{23} & a_{24} \\ a_{31} & a_{32} & a_{33} & a_{34} \\ a_{41} & a_{42} & a_{43} & a_{44} \end{bmatrix} .$$

Unter der Voraussetzung, daß sie nichtsingulär ist, kann $\underline{A}$ als Produkt zweier Dreiecksmatrizen formuliert werden

$$\underline{A} = \underline{C}\ \underline{B} \quad , \tag{1.13}$$

wobei $\underline{C}$ und $\underline{B}$ die in den Gln. (1.14) und (1.15) dargestellte Gestalt besitzen. Die Auswertung des Matrizenprodukts erlaubt einen Koeffizientenvergleich

$$a_{11}=b_{11} \;,\quad a_{12}=b_{12} \;,\quad a_{13}=b_{13} \;,\quad a_{14}=b_{14} \;,$$

$$a_{21}=c_{21}b_{11} \;,\quad a_{22}=c_{21}b_{12}+b_{22} \;,\quad a_{23}=c_{21}b_{13}+b_{23} \;,$$

$$a_{24}=c_{21}b_{14}+b_{24} \;,\quad a_{31}=c_{31}b_{11} \;,\quad a_{32}=c_{31}b_{12}+c_{32}b_{22} \;,$$

$$a_{33}=c_{31}b_{13}+c_{32}b_{23}+b_{33} \;,\quad \ldots \;,$$

woraus sich die Elemente der Dreiecksmatrizen in der genannten Reihenfolge sukzessiv berechnen lassen

$$b_{11}=a_{11} \;,\quad b_{12}=a_{12} \;,\quad b_{13}=a_{13} \;,\quad b_{14}=a_{14} \;,$$

$$c_{21}=a_{21}/b_{11} \;,\quad b_{22}=a_{22}-c_{21}b_{12} \;,\quad b_{23}=a_{23}-c_{21}b_{13} \;,$$

$$b_{24}=a_{24}-c_{21}b_{14} \;,\quad c_{31}=a_{31}/b_{11} \;,\quad c_{32}=(a_{32}-c_{31}b_{12})/b_{22} \;,$$

$$b_{33}=a_{33}-c_{31}b_{13}-c_{32}b_{23} \;,\quad b_{34}=a_{34}-c_{31}b_{14}-c_{32}b_{24} \;,$$

$$c_{41}=a_{41}/b_{11} \;,\quad c_{42}=(a_{42}-c_{41}b_{12})/b_{22} \;,$$

$$c_{43}=(a_{43}-c_{41}b_{13}-c_{42}b_{23})/b_{33} \;,$$

$$b_{44}=a_{44}-c_{41}b_{14}-c_{42}b_{24}-c_{43}b_{34} \quad .$$

Die Rechenvorschrift lautet allgemein

$$b_{ik} = a_{ik} - \sum_{m=1}^{i-1} c_{im}\, b_{mk} \tag{6.1a}$$

$$c_{ik} = \Big(a_{ik} - \sum_{m=1}^{i-1} c_{im}\, b_{mk}\Big)/b_{kk} \tag{6.1b}$$

und ist als Gauß'scher Algorithmus bekannt.

<u>Beispiel 2</u> Cholesky-Zerlegung

Ist die Matrix $\underline{A}$ symmetrisch und positiv definit, so läßt sich eine Dreieckszerlegung der Form

$$\underline{A} = \underline{R}^T\, \underline{R} \tag{1.18}$$

durchführen, wobei $\underline{R}$ die Rechtsdreiecksmatrix Gl. (1.19) darstellt. Die Auswertung von Gl. (1.18) ergibt für eine 4×4-Matrix

$$a_{11}=r_{11}^2 \quad , \quad a_{12}=r_{11}r_{12} \quad , \quad a_{13}=r_{11}r_{13} \quad , \quad a_{14}=r_{11}r_{14} \quad ,$$

$$a_{22}=r_{12}^2+r_{22}^2 \quad , \quad a_{23}=r_{12}r_{13}+r_{22}r_{23} \quad , \quad a_{24}=r_{12}r_{14}+r_{22}r_{24} \quad ,$$

$$a_{33}=r_{13}^2+r_{23}^2+r_{33}^2 \quad , \quad a_{34}=r_{13}r_{14}+r_{23}r_{24}+r_{33}r_{34} \quad ,$$

$$a_{44}=r_{14}^2+r_{24}^2+r_{34}^2+r_{44}^2 \quad .$$

Hieraus berechnen sich die Elemente von $\underline{R}$ zu

$$r_{11}=\sqrt{a_{11}} \quad , \quad r_{12}=a_{12}/r_{11} \quad , \quad r_{13}=a_{13}/r_{11} \quad , \quad r_{14}=a_{14}/r_{11} \quad ,$$

$$r_{22}=\sqrt{a_{22}-r_{12}^2}, r_{23}=(a_{23}-r_{12}r_{13})/r_{22}, r_{24}=(a_{24}-r_{12}r_{14})/r_{22} \quad ,$$

$$r_{33}=\sqrt{a_{33}-r_{13}^2-r_{23}^2} \quad , \quad r_{34}=(a_{34}-r_{13}r_{14}-r_{23}r_{24})/r_{33} \quad ,$$

$$r_{44}=\sqrt{a_{44}-r_{14}^2-r_{24}^2-r_{34}^2} \quad .$$

Die allgemeine Form der Cholesky-Zerlegung lautet damit

$$r_{ii} = \sqrt{a_{ii} - \sum_{m=1}^{i-1} r_{mi}^2} \tag{6.2a}$$

$$r_{ik} = \left(a_{ik} - \sum_{m=1}^{i-1} r_{mi}\, r_{mk}\right)/r_{ii} \quad . \tag{6.2b}$$

Beispiel 3 Lösung eines Gleichungssystems mit tridiagonaler Koeffizientenmatrix nach der Methode von Cholesky

Gegeben sei das Gleichungssystem

$$\begin{bmatrix} 2 & -1 & 0 & 0 \\ -1 & 2 & -1 & 0 \\ 0 & -1 & 2 & -1 \\ 0 & 0 & -1 & 2 \end{bmatrix} \begin{bmatrix} x_1 \\ x_2 \\ x_3 \\ x_4 \end{bmatrix} + \begin{bmatrix} -1 \\ 0 \\ 0 \\ -1 \end{bmatrix} = \underline{0} \tag{6.3}$$

mit einer positiv definiten Koeffizientenmatrix, die eine symmetrische Matrix der Bandbreite m=1 darstellt. Die Lösung wird durch die Bestimmung der Elemente der Choleskymatrix $\underline{R}$, Gln. (1.20, 1.21), des Hilfsvektors $\underline{y}$, Gln. (1.26a,b), und des Lösungsvektors $\underline{x}$, Gln. (1.26c,d), gewonnen. Das Flußdiagramm in Bild 6.1, S.156, zeigt den Ablauf der Rechnung. Nacheinander werden folgende Werte berechnet:

$$r_{11}=\sqrt{2}\ , \qquad y_1=\frac{1}{\sqrt{2}}\ ,$$

$$r_{12}=-\frac{1}{\sqrt{2}}\ , \qquad r_{22}=\sqrt{\frac{3}{2}}\ , \qquad y_2=\frac{1}{\sqrt{6}}\ ,$$

$$r_{23}=-\sqrt{\frac{2}{3}}\ , \qquad r_{33}=\frac{2}{\sqrt{3}}\ , \qquad y_3=\frac{1}{2\sqrt{3}}\ ,$$

$r_{34} = -\frac{\sqrt{3}}{2}$, $r_{44} = \frac{\sqrt{5}}{2}$, $y_4 = \frac{\sqrt{5}}{2}$,

$x_4 = 1$, $x_3 = 1$, $x_2 = 1$, $x_1 = 1$.

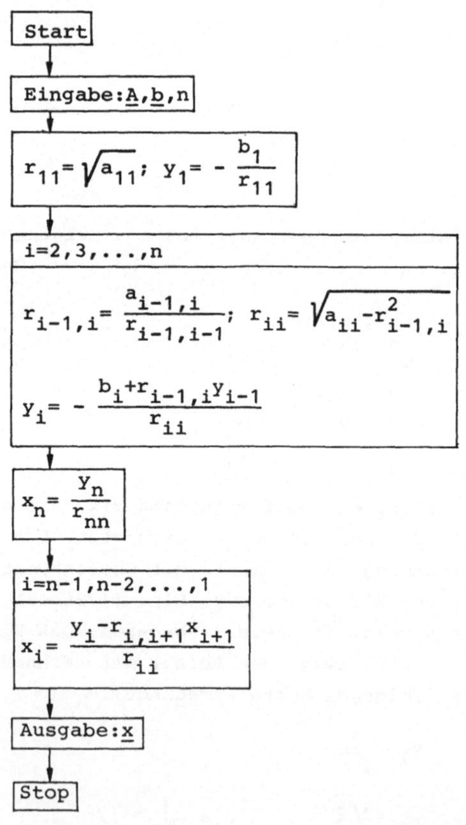

Bild 6.1 Flußdiagramm des Cholesky-Verfahrens bei tridiagonaler Bandmatrix

Beispiel 4 Lösung eines Gleichungssystems mit dem Ganzschritt- und Einzelschrittverfahren

Das in Beispiel 3 gegebene symmetrische Gleichungssytem kann iterativ durch die Gl. (1.39) gelöst werden, wobei die Symmetrie und die Bandbreite zu berücksichtigen sind, um den Rechenaufwand möglichst gering zu halten. Von der Koeffizientenmatrix $\underline{A}$ wird nur eine Rechteckmatrix $\underline{A}^*$ der Größe $n \times (m+1)$ benötigt, wobei n die Anzahl der Zeilen und m die Bandbreite ist. Nach Eingabe der rechten Seite $\underline{b}$ wird für das Einzelschrittverfahren eine Verbesserung des Anfangsvektors $\underline{v}^{(0)}$ erzielt durch

$$v_j = -\left(b_j + \sum_{l=l_u}^{j-1} a_{lj}\, v_l' + \sum_{l=j+1}^{l_o} a_{jl}\, v_l'\right)/a_{jj} \qquad (6.4)$$

mit

$$\begin{aligned} l_u&=1 \quad , & l_o&=j+m & &\text{für } j=1,\dots,m \\ l_u&=j-m \quad , & l_o&=j+m & &\text{für } j=m+1,\dots,n-m \\ l_u&=j-m \quad , & l_o&=n-j & &\text{für } j=n-m+1,\dots,n \quad . \end{aligned} \qquad (6.5)$$

Die Addition der Gl. (1.38) und (1.39) gestattet es, das Residuum aus dem Versuchsvektor des vorherigen Schrittes $\underline{v}'$ und dem neuen Versuchsvektor $\underline{v}$ entsprechend der Gl. (1.43a) zu bestimmen, Bild 6.2, S.158. Anschließend erfolgt eine Umspeicherung der Elemente $v_j'=v_j$, die beim Einzelschrittverfahren innerhalb von Bl. 1 und beim Ganzschrittverfahren außerhalb in einem anderen Block vorgenommen wird. Die Rechnung wird abgebrochen, wenn die Norm des Residuums $\|\underline{r}\| < \varepsilon$ ist. In der Tabelle 6.1 ist der Iterationsablauf des Einzelschrittverfahrens angegeben, und die Näherungslösung wird nach 24 Iterationsschritten erreicht. Eine Verminderung der Schritte läßt sich durch die Methode der Überrelaxation erreichen, Abschnitte 1.3.6, 1.3.7, 1.3.8.

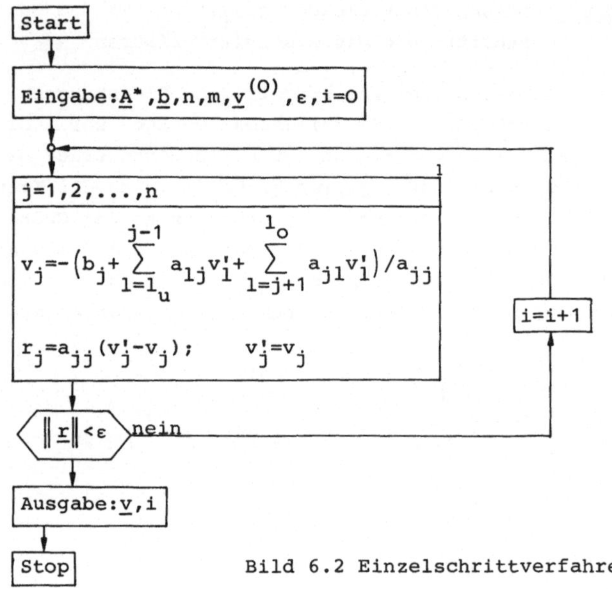

Bild 6.2 Einzelschrittverfahren

i	1	2	3	4		24
$v_1^{(i)}$	0.5	0.625	0.6875	0.7891	...	1.0000
$v_2^{(i)}$	0.25	0.375	0.57812	0.7227	...	0.9999
$v_3^{(i)}$	0.125	0.46875	0.65625	0.7754	...	1.0000
$v_4^{(i)}$	0.5625	0.73438	0.82813	0.8877	...	1.0000

Tabelle 6.1 Iterationsablauf des Einzelschrittverfahrens, $\varepsilon=10^{-4}$, $\underline{v}^{(0)}=\underline{0}$

Die Komponente v_j des Versuchsvektors $\underline{v}$

$$v_j = v_j' - \omega \frac{r_j}{a_{jj}} \qquad (6.6)$$

geht über den Minimalpunkt $v_j(\alpha_{min})$, Gl. (1.36), der quadratischen Funktion um den Überrelaxationsfaktor ω hinaus. Die Rechenvorschrift lautet entsprechend den Gln. (1.38, 1.39)

$$v_j = v_j'(1-\omega) - \omega\Big(b_j + \sum_{l=l_u}^{j-1} a_{lj}v_l' + \sum_{l=j+1}^{l_o} a_{jl}v_l'\Big)/a_{jj} \quad , \qquad (6.7)$$

wobei die Summationsgrenzen durch Gl. (6.5) gegeben sind. Der optimale Überrelaxationsfaktor kann entweder aus der Bestimmung des größten Eigenwertes λ_1 der Iterationsmatrix (1.57) des Ganzschrittverfahrens erfolgen oder näherungsweise der Konvergenzrate des Iterationsablaufes entnommen werden.

Es handelt sich in diesem Fall um eine tridiagonale Jacobi-Matrix mit den Seitendiagonalelementen -1. Nach [23, S.229] ergeben sich die Eigenwerte von (1.57) zu

$$\lambda_i = -\cos\frac{i\pi}{n+1} \quad , \quad i=1,2,\ldots,n \quad . \qquad (6.8)$$

Der größte Eigenwert beträgt für n=4 $|\lambda_1|=0.80902$, und damit ergibt sich nach Gl. (1.56) der optimale Überrelaxationsfaktor $\omega_{opt}=1.259$. Die Anzahl der Iterationsschritte beträgt 11.

Die Bestimmung des Überrelaxationsfaktors aus dem Iterationsablauf ist im Flußdiagramm, Bild 6.3, S.160, dargestellt. Ausgehend von einem Wert $1 \leq \omega < \omega_{opt}$ wird Bl. 1 solange durchgerechnet, bis nach i_1 Iterationsschritten die Differenz zweier aufeinanderfolgender Konvergenzraten $|\eta-\eta'| < \varepsilon_1$ ist. In diesem Fall ist $\eta \approx \rho(\underline{M}(\omega)) = \mu_1^{(1)}$. Der größte Eigenwert λ_1 der Matrix (1.57) ergibt sich aus der Gl. (1.58), und damit wird der optimale Überrelaxationsfaktor ω_{opt} be-

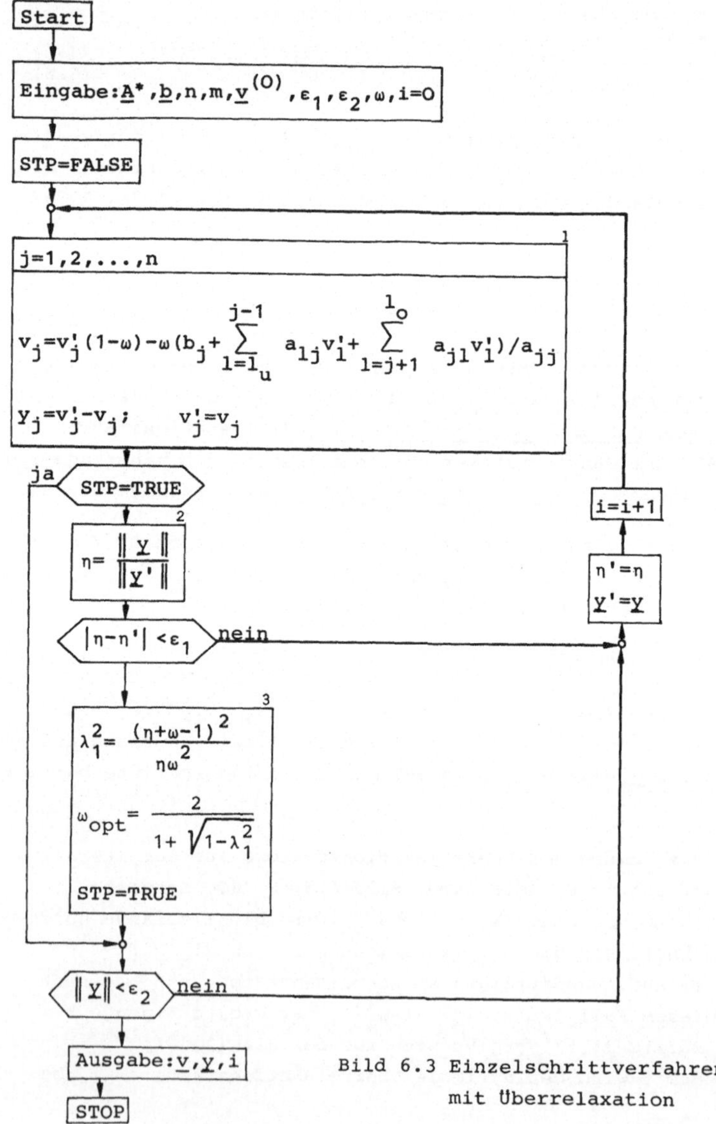

Bild 6.3 Einzelschrittverfahren mit Überrelaxation

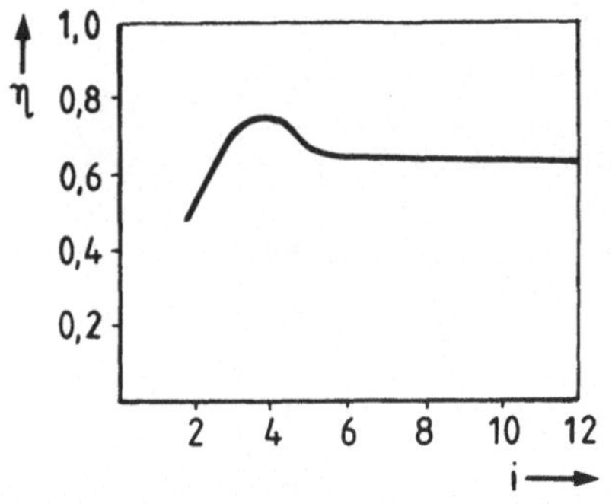

Bild 6.4 Konvergenzrate, n=4, ω=1

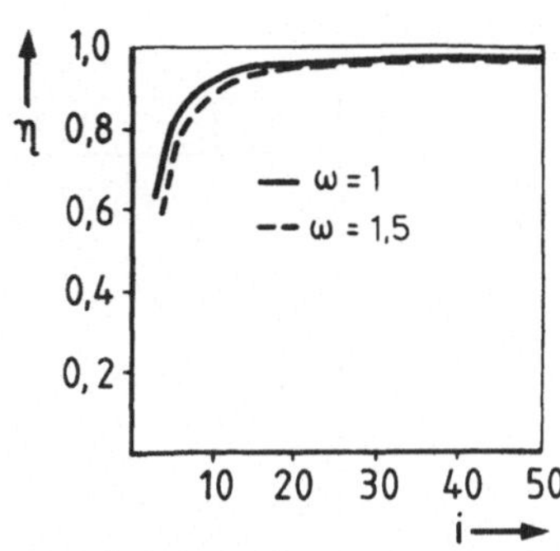

Bild 6.5 Konvergenzrate, n=100

stimmt, Block 3. Für den weiteren Iterationsablauf wird dieser Überrelaxationsfaktor beibehalten. Für das Beispiel wurde der Anfangswert $\omega=1$ gewählt, Bild 6.4. Nach einer "gedämpften Schwingung" konvergiert η gegen λ_1^2. Ab $i_1=8$ wurde dann mit $\omega=\omega_{opt}$ weitergerechnet. Die gesamte Anzahl der Iterationsschritte beträgt 16. Als weiteres Beispiel wird n=100 gewählt und die Koeffizientenmatrix $\underline{A}$ hat weiterhin die Hauptdiagonalelemente $a_{jj}=2$ und die beiden Seitendiagonalen haben die Elemente -1. Der größte Eigenwert der Iterationsmatrix beträgt nach Gl. (6.8)

$$|\lambda_1| = \cos\frac{\pi}{101} = 0.999516$$

und der optimale Überrelaxationsfaktor nach Gl. (1.56) $\omega_{opt}=1.9396$. Die Konvergenzrate konvergiert sehr langsam gegen den Betrag des dominanten Eigenwertes μ_1, Bild 6.5. Für den Anfangswert $\underline{v}^{(O)T}=(10,0,\ldots,0)$ ist der Iterationsablauf in Tabelle 6.2, S. 162, dargestellt. Die Rechnung beginnt mit $\omega=1$ bzw. 1.5. Von i_1+1 an wird dann mit dem ω_{opt} der Tabelle weitergerechnet, i_2 gibt die Anzahl der Schritte an, nach der der gesamte Iterationsablauf abgebrochen wird, da $\|y\|<\varepsilon_2$ ist. Wird die Rechnung vom Anfang der Iteration mit $\omega_{opt}=1.9396$

durchgeführt, so benötigt der Iterationsablauf i_2=205 Schritte.

ω	1.0	1.0	1.0	1.5
ε_1	10^{-3}	10^{-4}	10^{-5}	10^{-5}
λ_1^2	0.9734	0.9915	0.9983	0.999
i_1	29	89	292	157
ω_{opt}	1.719	1.831	1.921	1.938
i_2	1081	725	570	348

Tabelle 6.2 Iterationsablauf, $\varepsilon_2=10^{-4}$

<u>Beispiel 5</u> Konvergenzziffer mit und ohne Überrelaxation

Die Lösung der Differenzengleichung (2.65) führt für die 5-Punkte Formel auf eine Koeffizientenmatrix, die blockweise tridiagonal ist, Gl. (1.55). Die Unterteilung des Gebietes G in ein äquidistantes Gitternetzwerk mit gleichen Gebietseigenschaften, Bild 2.8, S.59, und I Gitterlinien in x bzw. K Linien in y-Richtung gestattet es, den größten Eigenwert der Gl. (1.57) [3, S.116] anzugeben

$$\lambda_1 = \frac{1}{2}\left(\cos\frac{\pi}{K} + \cos\frac{\pi}{I}\right) . \qquad (6.9)$$

Um die Konvergenzgeschwindigkeit des Ganz- und Einzelschrittverfahrens, letzteres mit und ohne Überrelaxation, zu vergleichen, soll die Anzahl der Iterationsschritte k, Gl. (1.52) bestimmt werden, die erforderlich sind, damit der Fehler um eine Zehnerpotenz kleiner wird. Zur Vereinfachung wird I=K angenommen. In der Tabelle 6.3, S.163, sind die Spektralradien $\rho(\underline{M})$ für das Ganz- und Einzelschrittverfahren ohne und mit optimaler Überrelaxation eingetragen. Die Ergebnisse

zeigen, daß eine Überrelaxation immer vorteilhaft ist.
Die in Beispiel 4 aufgezeigte Problematik der Bestimmung des optimalen Überrelaxationsfaktors bleibt jedoch bestehen, da im Anwendungsfall weder die Gebietseigenschaften konstant noch die Gitterabstände äquidistant sind.

I	20	80	100	1000
Ganzschritt $\lambda_1=\rho(\underline{M})$	0.98769	0.99923	0.99951	0.999995
Einzelschritt $\lambda_1^2=\rho(\underline{M})$	0.97553	0.99846	0.99901	0.99999
$\omega_{opt}=\frac{2}{1+\sqrt{1-\lambda_1^2}}$	1.72945	1.92445	1.93909	1.9937
$\rho(\underline{M}(\omega_{opt}))$ $=\omega_{opt}-1$	0.72945	0.92446	0.93909	0.9937
Ganzschritt k	186	2986	4666	466630
Einzelschritt k für $\omega=1$	93	1493	2333	233315
k für $\omega=\omega_{opt}$	8	30	37	367

Tabelle 6.3 Konvergenz des Ganz- und Einzelschrittverfahrens

<u>Beispiel 6</u> Lösen eines Gleichungssystems mit 2 Unbekannten mit dem Gradientenverfahren und nach der Methode der konjugierten Gradienten

Gegeben sei das Gleichungssystem $\underline{\underline{A}}\underline{x}+\underline{b}=\underline{0}$ mit

$$\underline{\underline{A}} = \begin{bmatrix} 1 & 2 \\ 2 & 5 \end{bmatrix} \quad , \qquad \underline{b} = \begin{bmatrix} 1 \\ 3 \end{bmatrix} \quad .$$

Formuliert man die quadratische Funktion mit einem Versuchsvektor $\underline{v}$ (Gl. (1.27)), so bilden die Kurven $F(\underline{v})$=const in der v_1,v_2-Ebene konzentrische Ellipsen, siehe Bild 6.8, S.167. Die Halbachsen einer Ellipse berechnen sich für dieses zweidimensionale Problem zu

$$a = \sqrt{\frac{F - F_{min}}{\frac{1}{2}a_{11}\cos^2\varphi + a_{12}\sin\varphi\cos\varphi + \frac{1}{2}a_{22}\sin^2\varphi}}$$

$$b = \sqrt{\frac{F - F_{min}}{\frac{1}{2}a_{11}\sin^2\varphi - a_{12}\sin\varphi\cos\varphi + \frac{1}{2}a_{22}\cos^2\varphi}}$$

mit

$$F_{min} = \frac{1}{2}\,\underline{x}^T\,\underline{\underline{A}}\,\underline{x} + \underline{x}^T\,\underline{b} \quad .$$

Sie sind um den Winkel

$$\varphi = \frac{1}{2}\arctan\frac{2a_{12}}{a_{11}-a_{22}}$$

gegenüber dem Koordinatensystem verdreht. Der gemeinsame Mittelpunkt aller Ellipsen stellt das Minimum der Funktion $F(\underline{v})$ dar und damit die Lösung des Gleichungssystems $\underline{x}^T=\left[1,-1\right]$. Das Aufsuchen des Minimums soll durch Anwendung der in Abschnitt 1.3 erläuterten Gradientenverfahren erfolgen.

a) Methode des stärksten Abstiegs

Der prinzipielle Rechenablauf ist aus Bild 6.6, S.166, ersichtlich. Ausgehend von einem gewählten Anfangswert $\underline{v}^{(0)}$

wird in Richtung des stärksten Abstiegs $-\underline{r}$ jeweils so weit fortgeschritten bis ein relatives Minimum in dieser Richtung erreicht ist, Gln. (1.70), (1.71). Die neue Richtung ergibt sich aus dem Residuum im zuletzt ermittelten Punkt. Die Berechnung des Residuums kann vereinfacht werden, wenn man Gl. (1.70) in (1.5) einsetzt und die sich daraus ergebende Rekursionsformel

$$\underline{r}^{(k)} = \underline{r}^{(k-1)} - \alpha_k \, \underline{z}^{(k-1)} \quad , \quad \underline{z}^{(k-1)} = \underline{A} \, \underline{r}^{(k-1)} \qquad (6.10)$$

benutzt. Der Hilfsvektor $\underline{z}^{(k-1)}$ muß ohnehin in Gl. (1.71) berechnet werden. Da die Ergebnisse eines Iterationsschrittes nicht gemerkt werden müssen, können sie laufend überschrieben werden. Die Indizierung mit k erübrigt sich damit. Der Suchvorgang wird fortgesetzt bis die euklidische Norm des Residuums $\|\underline{r}\|$ eine vorzugebende Fehlerschranke ε unterschreitet. Mit ε wird die Genauigkeit der berechneten Näherungslösung $\underline{v}$ festgelegt. Aus Bild 6.8, S. 167, und Tabelle 6.4 ist ersichtlich, daß die Wahl des Anfangswertes $\underline{v}^{(0)}$ einen entscheidenden Einfluß auf die Anzahl der erforderlichen Suchschritte i und damit auf die Konvergenz der Lösung ausübt.

Nr	Anfangswert $\underline{v}^{(0)T}$	Schrittzahl i	Fehlerschranke ε
1	$[6,3]$	8	10^{-5}
2	$[-6,2.5]$	108	"

Tabelle 6.4 Konvergenz der Methode des stärksten Abstiegs

b) Methode der konjugierten Gradienten

Der erste Iterationsschritt erfolgt nach Gl. (1.73) in Richtung des stärksten Abstiegs $\underline{p}^{(1)}$, Bild 6.7, Block 2, S. 166. Die Berechnung der Schrittweite α_1 und der ersten Näherungslösung $\underline{v}^{(1)}$ erfolgt in Block 3. Für alle weiteren Schritte ist die Rechenvorschrift der konjugierten Gradienten in Gl. (1.77) formuliert. Zur Vereinfachung wird die Abkürzung

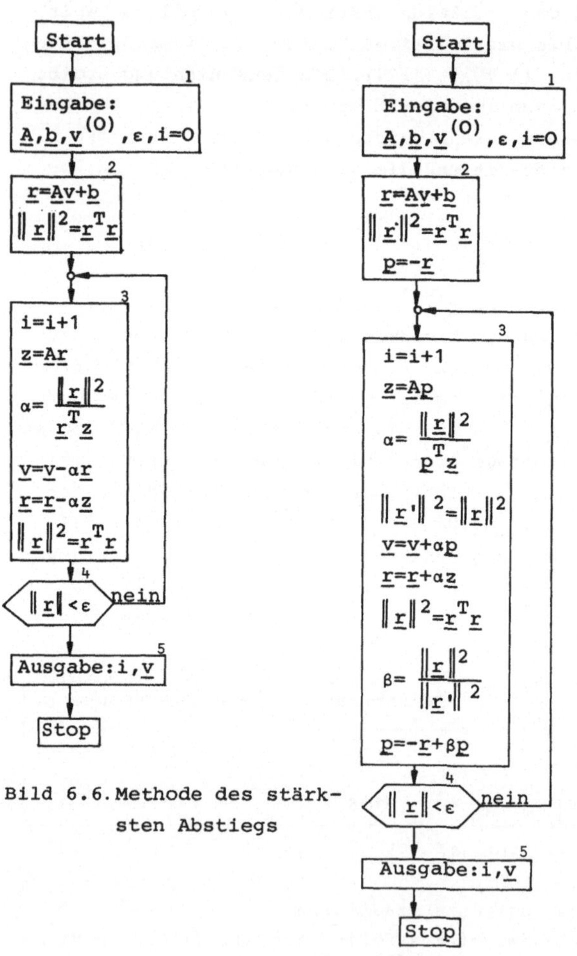

Bild 6.6. Methode des stärksten Abstiegs

Bild 6.7 Methode der konjugierten Gradienten

$$\underline{z}^{(k)} = \underline{A}\,\underline{p}^{(k)} \tag{6.11}$$

eingeführt. Das Residuum des vorhergehenden Schrittes wird mit $\underline{r}'$ bezeichnet, weil seine Norm zur Berechnung von β benötigt wird. Alle übrigen Größen können laufend überschrieben werden. Ein Vergleich mit Bild 6.6, S.166, läßt erkennen, daß der Mehraufwand für die konjugierten Gradienten gering ist. Für das zweidimensionale Beispiel wird der Zielpunkt unabhängig vom Startpunkt nach spätestens zwei Schritten erreicht. Weiterhin wurde die in Beispiel 4 gestellte Aufgabe mit 100 Unbekannten durchgerechnet. Bei gleichem Anfangswert $\underline{v}^T = [10, 0, \ldots, 0]$ wird die Lösung nach 100 Schritten gefunden. Das Residuum liegt bei Verwendung eines Rechners mit 11 Dezimalstellen in der Größenordnung von 10^{-9}.

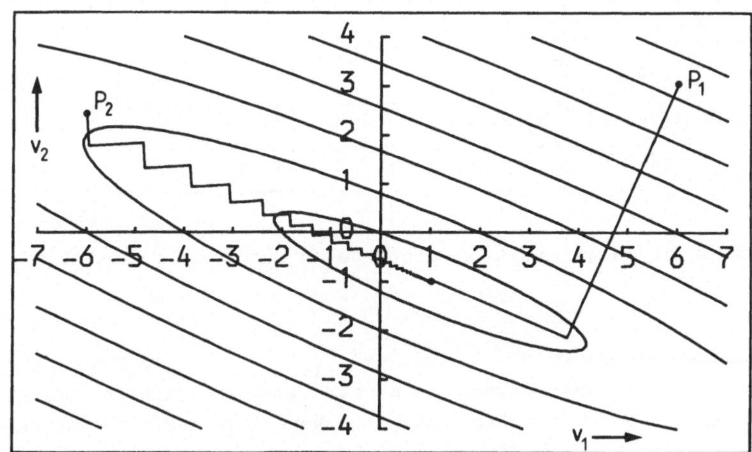

Bild 6.8 Suchen des Minimums der quadratischen Funktion mit der Methode des stärksten Abstiegs

Beispiel 7 Lösen eines Gleichungssystems mit nichtkonstanten Koeffizienten durch Unterrelaxierung bzw. mit Hilfe des Newton'schen Näherungsverfahrens

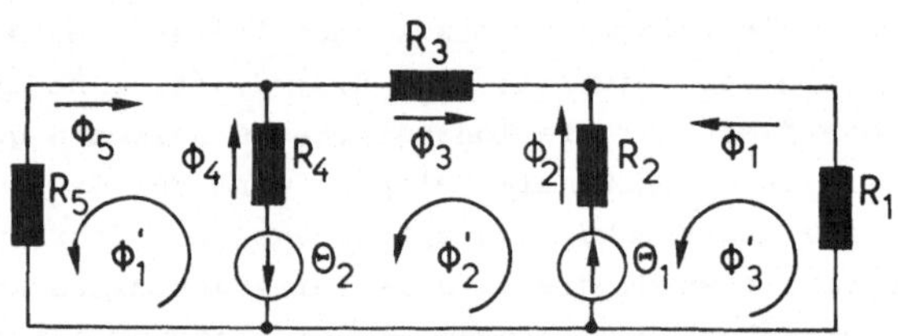

Bild 6.9 Magnetisches Ersatzschaltbild

Das in Bild 6.9 dargestellte Ersatzschaltbild gibt einen magnetischen Kreis wieder, wobei Θ_1 und Θ_2 die anregenden Durchflutungen sind. Das für die Maschenflüsse ϕ_1', ϕ_2' und ϕ_3' maßgebende Gleichungssystem lautet

$$\underline{f} \equiv \begin{bmatrix} R_4+R_5 & -R_4 & \\ -R_4 & R_2+R_3+R_4 & -R_2 \\ & -R_2 & R_1+R_2 \end{bmatrix} \cdot \begin{bmatrix} \phi_1' \\ \phi_2' \\ \phi_3' \end{bmatrix} + \begin{bmatrix} -\Theta_2 \\ \Theta_2+\Theta_1 \\ -\Theta_1 \end{bmatrix} = \underline{O} \quad , \tag{6.12}$$

wobei die magnetischen Widerstände in bezogenen Größen durch

$$R_i = C_{1i} + C_{2i}\,\phi_i^{m-1} \tag{6.13}$$

dargestellt werden. Die Konstanten C_{1i}, C_{2i} und die Potenz m sind von den Abmessungen des nachzubildenden magnetischen Kreises und von der Magnetisierungskennlinie des verwendeten Materials abhängig, Beispiel 15. Der Zusammenhang zwischen den Zweig- und Maschenflüssen wird durch die Beziehungen

$$\phi_1=\phi_3' \ , \ \phi_2=\phi_2'-\phi_3' \ , \ \phi_3=-\phi_2' \ , \ \phi_4=\phi_1'-\phi_2' \ , \ \phi_5=-\phi_1' \tag{6.14}$$

wiedergegeben. Die Lösung der Gl. (6.12) durch Unterrelaxierung der Koeffizienten nach Gl. (1.82a) wird durch das Fluß-

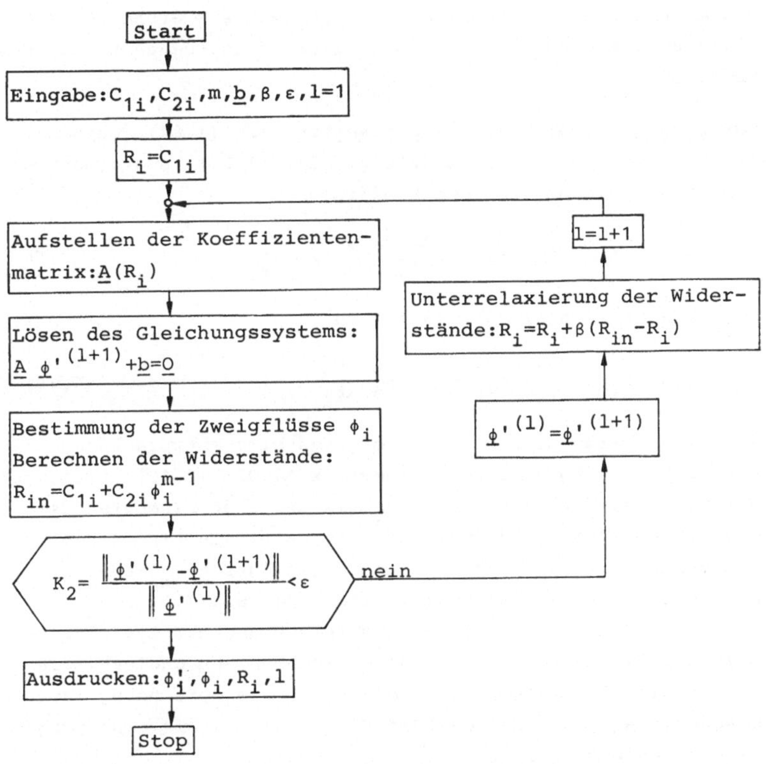

Bild 6.10 Lösung eines Gleichungssystems mit nichtkonstanten Koeffizienten durch Unterrelaxierung

diagramm, Bild 6.10, veranschaulicht. Als Anfangswert für die Widerstände wird der konstante Term der Gl. (6.13) gewählt. Nach dem Aufstellen der Koeffizientenmatrix $\underline{A}$ entsprechend der Gl. (6.12) wird das Gleichungssystem nach der Methode von Cholesky, Beispiel 3, gelöst. Aus den berechneten Maschenflüssen $\underline{\phi}'$ werden nach Gl. (6.14) die Zweigflüsse ϕ_i und anschließend die neuen Widerstände R_{in} berechnet. Nach Unterrelaxierung der Widerstände beginnt der Rechnungsvorgang von neuem. Als Abbruchkriterium wird die bezogene Größe K_2, Gl.(1.80), herangezogen und mit einer vorgegebenen Schranke ε verglichen.

Zur Lösung der Gl. (6.12) nach Newton, Gl. (1.84), müssen die Elemente der Jacobi-Matrix $\underline{F}'$, Gl. (1.88), angegeben werden. Die Gleichung für den Koeffizienten

$$f'_{11} = R_4 + R_5 + \phi'_1 \frac{\partial(R_4+R_5)}{\partial\phi'_1} + \phi'_2 \frac{\partial(-R_4)}{\partial\phi'_1} \tag{6.15}$$

vereinfacht sich mit Gl. (6.14) zu

$$f'_{11} = R_4 + R_5 + \phi_4 \frac{dR_4}{d\phi_4} + \phi_5 \frac{dR_5}{d\phi_5} \quad . \tag{6.16}$$

Für die anderen Koeffizienten ergeben sich entsprechende Ausdrücke. Im Unterschied zur Matrix $\underline{A}$, Gl. (6.12), tritt bei den Koeffizienten der Jacobi-Matrix in allen Elementen der zusätzliche Term $\phi_i dR_i/d\phi_i$ auf. Die Matrix ist in diesem Fall symmetrisch und nur noch von den Zweigflüssen ϕ_i abhängig. Der Berechnung des Residuums, Bild 6.11, S.171, folgt die Bestimmung der Korrektur $\Delta\underline{\phi}'$ aus der Lösung des Gleichungssystems, Gl. (1.84), die nach der Methode von Cholesky wie im Beispiel 3 vorgenommen werden kann. Bie Berechnung ist beendet, wenn die Norm des Residuums kleiner als eine vorgegebene Schranke ε ist.

Im Bild 6.12, S.171, ist der Iterationsverlauf beider Verfahren gegenübergestellt, wobei K_2 für das Newton'sche Näherungsverfahren zusätzlich berechnet wurde, um einen Vergleich zu ermöglichen. Die Schwäche der Unterrelaxierung liegt in der Festlegung des Unterrelaxationsfaktors β. Ein zu kleiner Faktor, z.B. 0.1, bedingt eine sehr langsame aber sichere Konvergenz. β=0.3 wäre in diesem Beispiel günstig. β=0.4 hingegen ist zu groß, da K_2 nicht mehr abnimmt.

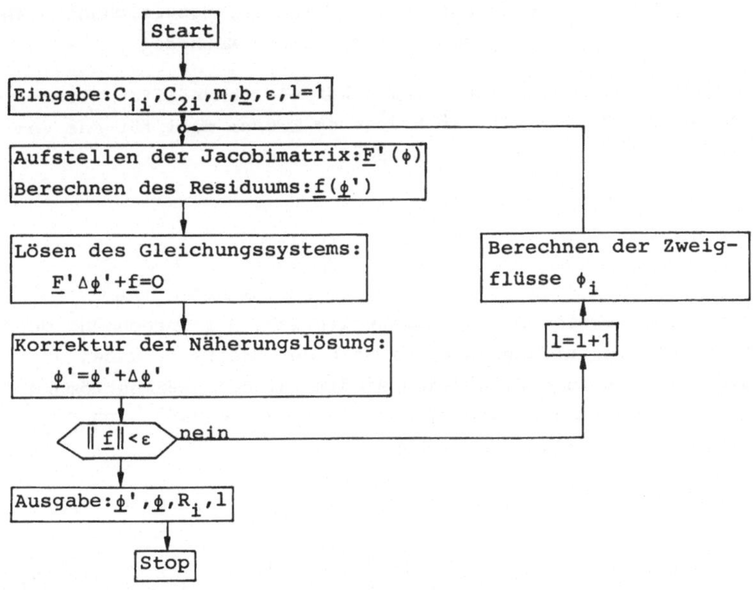

Bild 6.11 Lösung eines Gleichungssystems mit nichtkonstanten Koeffizienten nach Newton

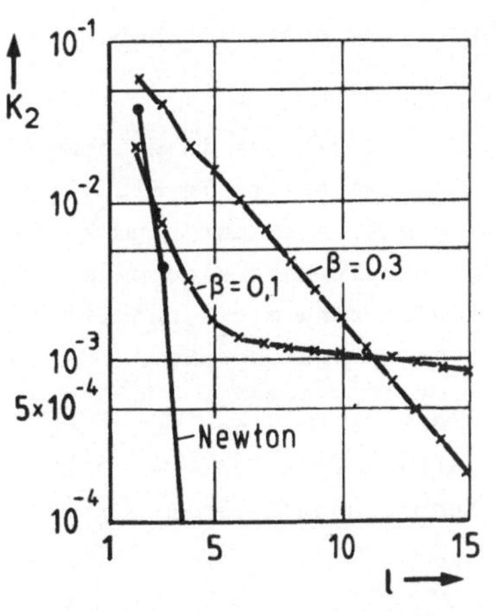

Bild 6.12 Iterationsverlauf

$C_{1i}=4.55$
$C_{2i}=9.94\times10^{-6}$
$m=9$
$\Theta_1=\Theta_2=75.0$

Beispiel 8 Numerische Lösung der Wärmeleitungsgleichung nach der expliziten und impliziten Methode

Die Lösung der eindimensionalen Wärmeleitungsdifferentialgleichung, Gl. (2.16), in bezogenen Größen soll für das Gebiet $0 \le x \le 1$, $0 \le t \le T$ mit den Randbedingungen

$$u(x,0) = 0 \qquad 0<x<1$$

$$u(0,t) = 1 \qquad 0 \le x \le T$$

$$u(1,t) = 0 \qquad 0 \le t \le T$$

angegeben werden. Die Aufgabe entspricht der Berechnung der Temperaturverteilung in einem Stab der Breite b, wobei die Länge $l \gg b$ sein muß, um eine eindimensionale Wärmeströmung annehmen zu können. Die "Temperatur" an den beiden Rändern x=0, x=1 wird fest vorgegeben.

Zur Beurteilung wird in diesem Fall die analytische Lösung

$$u(x,t) = 1 - x - \frac{2}{\pi} \sum_{\nu=1}^{\infty} \frac{\sin \nu \pi x}{\nu} e^{-\nu^2 \pi^2 t} \tag{6.17}$$

herangezogen, deren Herleitung hier nicht weiter besprochen werden soll. In [25] wird die analytische Lösung ein- und mehrdimensionaler Wärmeleitungsprobleme ausführlich behandelt.

Das explizite Lösungsverfahren, Gl. (2.22) ist in seinem Rechenablauf in Bild 6.13, S.173, dargestellt. In Bl. 1 wird entsprechend der Gl. (2.22) die "Temperatur" zum Zeitpunkt k+1 berechnet, wobei der alte Zeitpunkt k durch einen Strich gekennzeichnet ist. Die Indizierung mit k und k+1 kann entfallen. In Bl. 2 erfolgt die Umspeicherung.

Das implizite Verfahren wird für den allgemeinen Fall mit dem Gewichtsfaktor λ behandelt, Bild 6.14,S.174. Der Gl. (2.33) sind das Haupt- und das Nebendiagonalelement

$$a_{ii} = 1+2r\lambda \quad , \quad a_{i,i+1} = -r\lambda$$

zu entnehmen und damit wird die Matrix $\underline{A}$, Bl. 1, aufgefüllt. Da die Koeffizienten konstant sind, wird die Dreieckszerlegung außerhalb der "Zeit"-Schleife durchgeführt. Die rechte Seite $\underline{b}$ wird nach jedem Zeitschritt in Bl. 2 entsprechend der Gl. (2.33) neu bestimmt. Die Randbedingungen für i=0 und i=M werden in Bl. 3 berücksichtigt. Das Lösen des Gleichungssystems, Bl. 4, wird nach dem Cholesky-Verfahren durchgeführt, Beispiel 3.

Bild 6.15 zeigt ein Beispiel, wobei die explizite und die implizite Lösungsmethode für $\lambda=1$ und $\lambda=0.5$ für den Ort x=0.2 und x=0.4 der analytischen Lösung gegenübergestellt werden. Der implizite Streckenzug für $\lambda=1/2$ entspricht der Trapezregel und wird in diesem Zusammenhang Methode von Crank-Nicolson genannt.

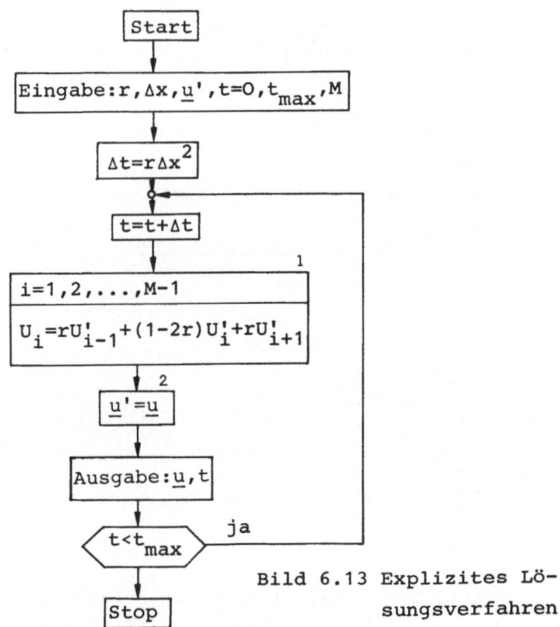

Bild 6.13 Explizites Lösungsverfahren

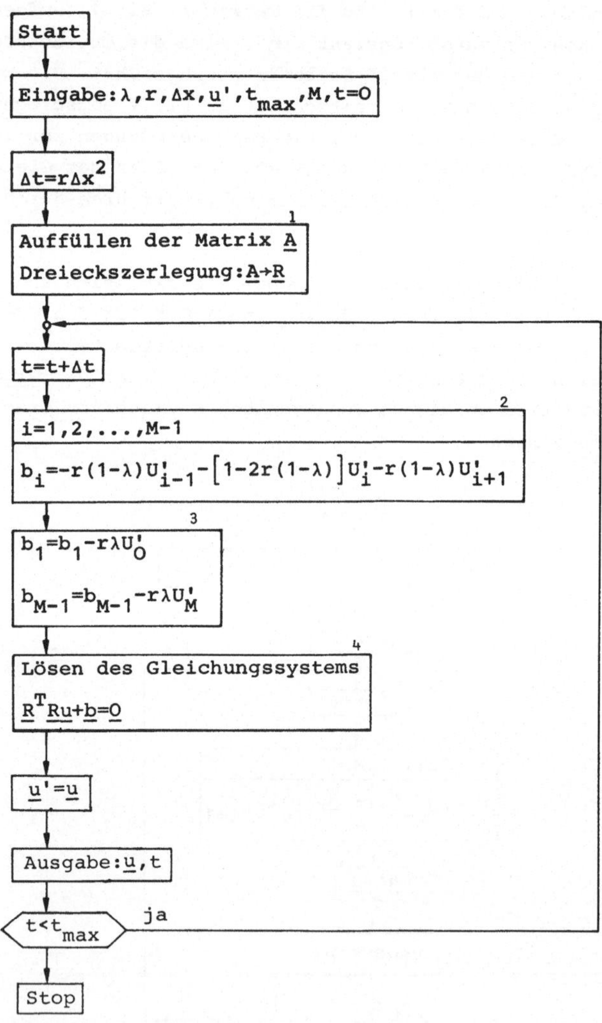

Bild 6.14 Implizites Lösungsverfahren mit Gewichtsfaktor $0 < \lambda \leq 1$

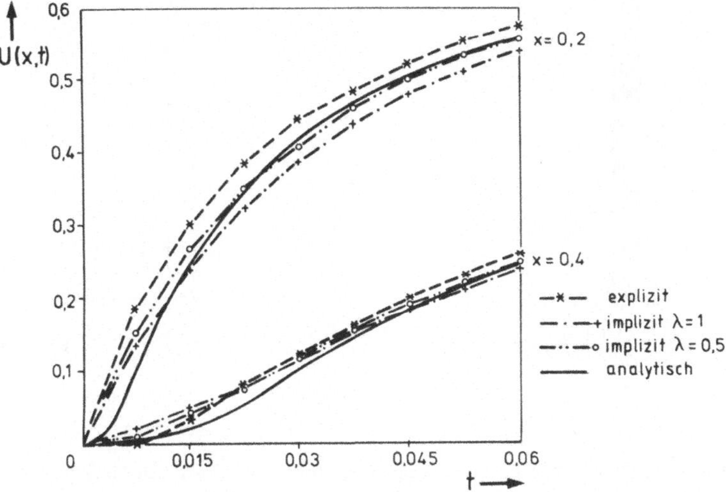

Bild 6.15 Temperaturverteilung U(0.2,t) und U(0.4,t) für die verschiedenen Verfahren

<u>Beispiel 9</u> Feldverlauf am Eisen-Luft-Übergang

Das Bild 6.16a, S. 176, zeigt einen vergrößerten Ausschnitt des Feldbildes von Bild 2.24, S. 84. Die in diesem Bereich gültige Gitteranordnung ist in Bild 2.24b dargestellt. Zur Verbesserung der Nachbildung des Feldverlaufes an der Trennlinie zwischen Eisen und Luft wird in Bild 6.16b die gestrichelte Gitterlinie zusätzlich in unmittelbarer Nähe der Eisenkontur angeordnet. Die Tabelle 6.5, S. 176, zeigt, daß die Vektorpotentialverteilung durch die zusätzliche Linie j^* nur unwesentlich beeinflußt wird.

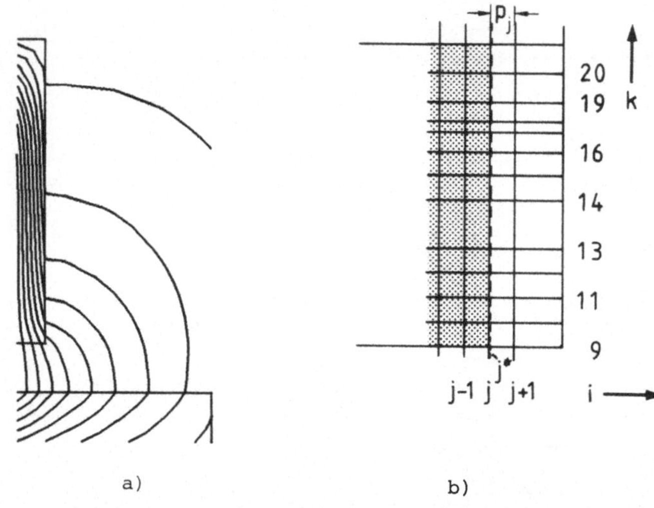

Bild 6.16 a) Feldbildausschnitt des Magneten von Bild 2.24
b) Gitteranordnung im Bereich des Eisen-Luft-Überganges

k	j-1	j	j+1	j-1	j	j*	j+1
9	1458.3	971.74	815.80	1459.4	972.35	962.60	815.63
13	1428.9	408.25	403.08	1429.1	408.08	408.04	402.93
19	899.33	165.47	164.63	899.52	165.45	165.43	164.60
	a)			b)			

Tabelle 6.5 Vektorpotentiale in 10^{-6}Tm am Übergang Eisen-Luft a) ohne, b) mit zusätzlicher Gitterlinie im Abstand $p_j/20$ von der Eisenkontur

<u>Beispiel 10</u> Optimierung mit Minimizing Step. Suchen in Koordinaten- und konjugierten Richtungen

Der Rechenablauf zur Bestimmung der Schrittweite α_k von Gl. (3.3) in $\underline{p}$-Richtung mit Hilfe von "Minimizing Step" (Abschnitt 3.2.1.3) wird anhand des Unterprogrammes MINSTEP in

Bild 6.18 dargestellt. In Bl. 1 wird der Funktionswert $f_1 \equiv f(\alpha=0)$ für den Ausgangspunkt $\underline{v}^{(k)}$ berechnet. Anschließend erfolgt ein Probeschritt in positiver und ggf. in negativer $\underline{p}$-Richtung (Bl. 2,3). Kann in beiden Richtungen keine Abnahme der Zielfunktion festgestellt werden, wird die Suche abgebrochen und der letzte erfolgreiche Versuchsvektor beibehalten (Bl. 10). War einer der Probeschritte mit der klein zu wählenden Schrittweite $|\varepsilon|$ erfolgreich, dann wird mit der Anfangsschrittweite t_1 fortgeschritten (Bl. 4). Im folgenden sind zwei Fälle zu unterscheiden:

a) Für $f(t_1)<f_1$ (Bild 6.17a) ist die Schrittweite t solange zu verdoppeln, bis ein Wert $f_3 \equiv f(2t)>f_2 \equiv f(t)$ gefunden ist (Bl. 5,6).

b) Ist $f(t_1)>f_1$ (Bild 6.17b), so gilt es im Bereich $0 \leq \alpha \leq t_1$ einen Funktionswert $f_2<f_1$ zu suchen. Hierzu wird die Schrittweite t sukzessiv halbiert (Bl. 7). Erfüllt kein Funktionswert die genannte Bedingung, wird die Suche in dieser Richtung bei Unterschreiten einer Fehlerschranke abgebrochen (Bl. 8).

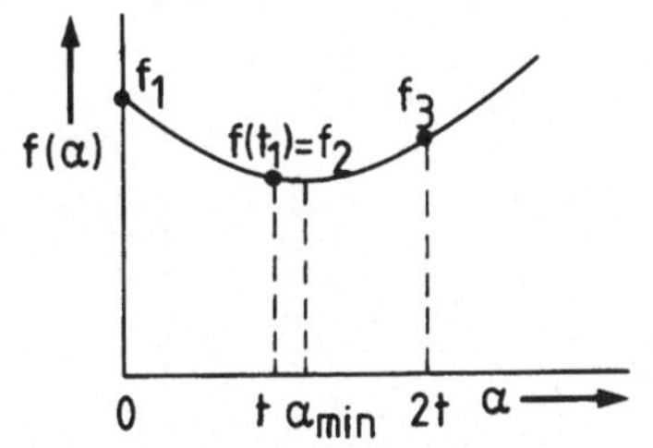

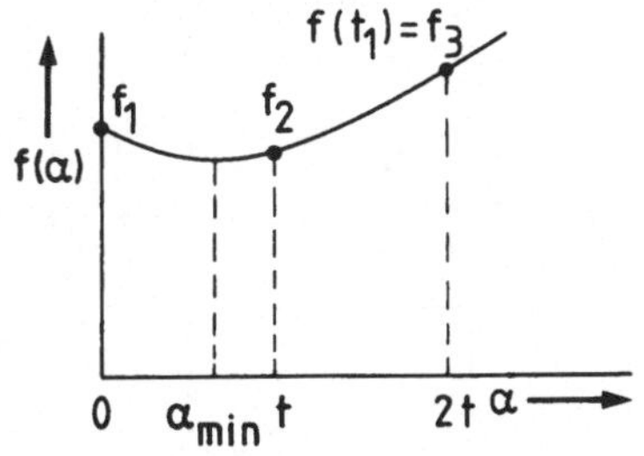

Bild 6.17 Bestimmung von α_{min} für a) $f(t_1)<f_1$, b) $f(t_1)>f_1$

Nach erfolgreicher Suche wird in Bl. 9 die optimale Schrittweite α^* berechnet und der Versuchsvektor $\underline{v}$ verbessert. Der zugehörige Funktionswert $Z(\underline{v})$ kann als Anfangswert f_1 für eine weitere Approximation der Zielfunktion in der gleichen Richtung $\underline{p}$ verwendet werden, falls die Zielfunktion in den

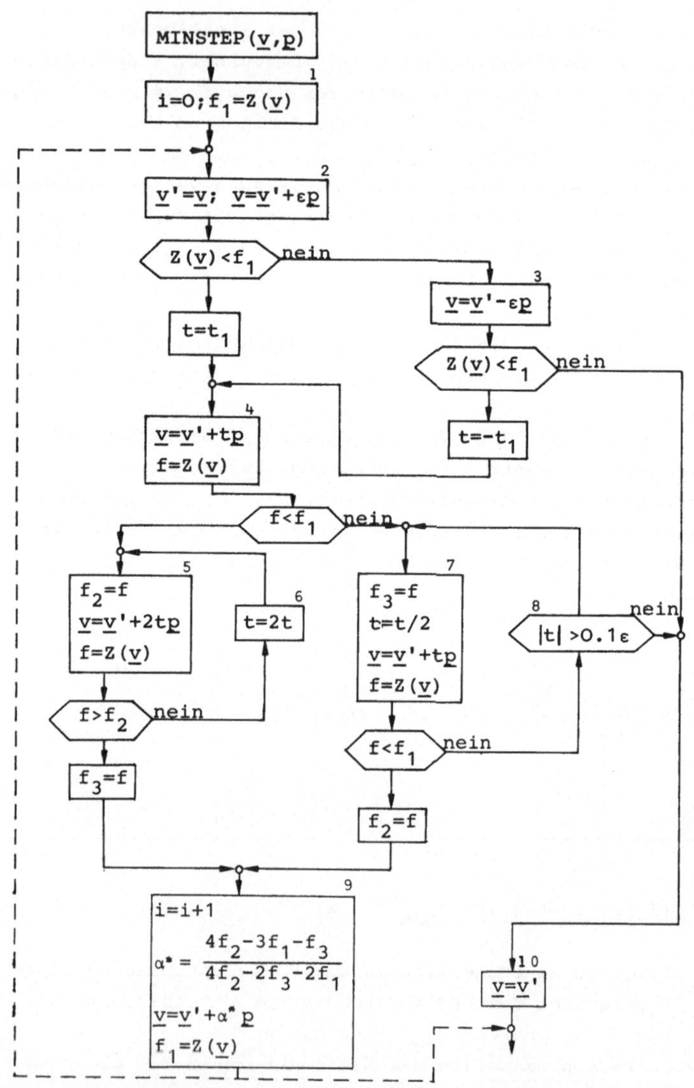

Bild 6.18 Unterprogramm zur Verbesserung der Zielfunktion $Z(\underline{v})$ in Richtung $\underline{p}$ mit "Minimizing Step"

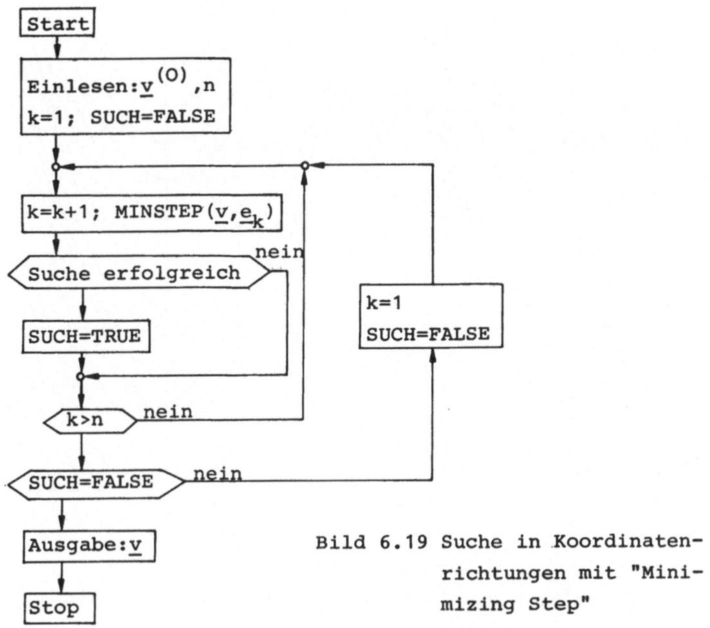

Bild 6.19 Suche in Koordinatenrichtungen mit "Minimizing Step"

Punkten $\underline{v} \pm \varepsilon \underline{p}$ noch eine Abnahme aufweist.

Im einfachsten Fall wird man in Koordinatenrichtungen suchen, so daß der Richtungsvektor $\underline{p}$ gleich den Einheitsvektoren $\underline{e}_1, \ldots, \underline{e}_n$ gesetzt wird. Bild 6.19 zeigt das zugehörige Flußdiagramm. Das Unterprogramm MINSTEP verbessert den Versuchsvektor in der Richtung $\underline{e}_k$. Die Koordinatenrichtungen werden solange durchlaufen, bis in keiner dieser Richtungen eine Verbesserung möglich ist. Der Suchvorgang kann in Bild 6.20a, S.180, für eine leicht exzentrische, zweidimensionale Funktion mit der Lösung $\underline{x}^T = [1,1]$ verfolgt werden. Er wird durch das schmale, quer zu den Achsenrichtungen liegende Tal erschwert, so daß eine Verbesserung der Näherungslösung in der Umgebung des Zielpunktes sehr viele kleine Teilschritte erfordert.

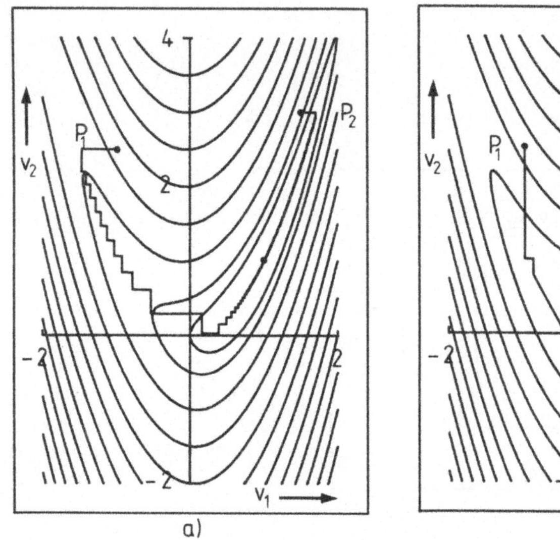

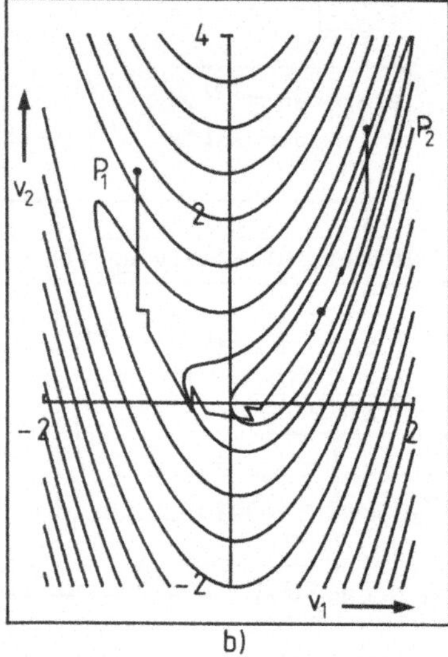

Bild 6.20 Optimierung der Zielfunktion
$F=5v_1^4-10v_1^2v_2+v_1^2+5v_2^2-2v_1+5$ mit "Minimizing Step"
a) Suche in Koordinatenrichtingen
b) Suche in konjugierten Richtungen

Suchen in	Anfangswert $\underline{v}^{(0)T}$	Zahl der Suchschritte k (Richtungswechsel)	Näherung $\underline{v}^{(k)T}$
Koordinaten-richtungen	P_1: $[-1, 2.5]$ P_2: $[1.5, 3]$	200 300	$[0.9968, 0.9936]$ $[1.0024, 1.0049]$
Konjugierten Richtungen	P_1: $[-1, 2.5]$ P_2: $[1.5, 3]$	13 7	$[0.9982, 0.9957]$ $[0.9997, 0.9996]$

Tabelle 6.6 Suchen in Koordinaten- und konjugierten Richtungen entsprechend Bild 6.20

Das Verfahren der konjugierten Richtungen (Abschnitt 3.2.1.4.1) gestattet eine automatische Anpassung der Richtung p an den Funktionsverlauf. Der Rechenablauf ist in Bild 3.3,S.118, dargestellt und greift ebenfalls auf die Berechnung der Schrittweite durch "Minimizing Step" zurück. Bild 6.20 und Tabelle 6.6, S.180, zeigen, daß dieses Verfahren hier erheblich schneller zum Ziel führt als ein Suche in Koordinatenrichtungen. Die Genauigkeit der Näherungslösungen ist abhängig von den Fehlerschranken.

Beispiel 11 Optimierung eines M-Schnitt Magneten

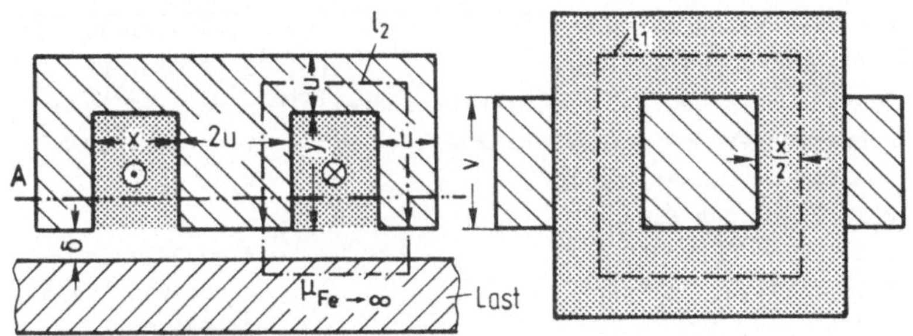

Bild 6.21 M-Schnitt Magnet mit Abmessungen und Aufsicht für den Schnitt A

Die im Bild 6.21 eingetragenen geometrischen Abmessungen x,y,u,v sollen so bestimmt werden, daß das Gesamtgewicht ein Minimum annimmt. Zur Vereinfachung der Darstellung werden die folgenden Annahmen getroffen:

1. Die Permeabilität der Last ist sehr groß $\mu_{Fe} \to \infty$.
2. Der Fluß verläuft im Luftspalt nur unter den Schenkeln des Magneten, und eine Streuung über die Wicklung liegt nicht vor.
3. Die Induktion unter den Schenkeln ist konstant und gleich der Induktion im Eisen.

Die Lösung des Problems wird in zwei Schritten vorgenommen.

1.) Für eine vorgegebene Wicklungs- und Eisenfläche

$$A_1 = x\,y\,k_1 \quad , \quad A_2 = u\,v\,k_2 \tag{6.18}$$

wird nach der Multiplikatorenmethode von Lagrange, Abschnitt 3.2.2, der Magnet mit dem geringsten Gesamtgewicht bestimmt.

2.) Die Flächen A_1 und A_2 ergeben sich aus der Minimierung der Zielfunktion unter Einhaltung der Restriktionen für die Stromdichte S und die vorgegebene Kraft F.

Die für die folgende Ableitung verwendeten Bezeichnungen sind in Tabelle 6.7 angegeben.

mittlere Länge der Wicklung	$l_1=4(u+x)+2v$
mittlere Feldlinienlänge	$l_2=2(y+u)+x$
spezifisches Gewicht des Wicklungsmaterials	$\gamma_1=8.9\times10^3 kg/m^3$
spezifisches Gewicht des Eisens	$\gamma_2=7.8\times10^3 kg/m^3$
Füllfaktor der Wicklung	$k_1=0.45$
Füllfaktor des Eisens	$k_2=1.0$
Luftspalt	$\delta=0.005m$
Permeabilität in Luft	$\mu_0=0.4\pi 10^{-6} Vs/Am$
Kraft	$F=63500N$
Stromdichte	$S=2.32\times10^6 A/m^2$
Konstanten der Magnetisierungskennlinie	$C_1'=909 Am/Vs$; $m=9$ $C_2'=130.3 Am^{17}/(Vs)^9$

Tabelle 6.7 Verwendete Bezeichnungen und Werte für das Beispiel, Bild 6.22, 6.23, S.184

Unter den Nebenbedingungen

$$R_1 \equiv A_1 - C_1 = 0 \quad ; \quad R_2 \equiv A_2 - C_2 = 0 \quad , \tag{6.19}$$

soll das Gesamtgewicht

$$G = \gamma_1 A_1 l_1 + 2\gamma_2 A_2 l_2 \tag{6.20}$$

zum Minimum geführt werden. Für die Funktion

$$\phi_1 = G + \lambda_1 R_1 + \lambda_2 R_2 \tag{6.21}$$

liegt ein Minimum vor, wenn die Bedingungen

$$\frac{\partial \phi_1}{\partial x} = \gamma_1 k_1 y(4u+8x+2v) + 2\gamma_2 k_2 uv + \lambda_1 k_1 y = 0 \tag{6.22}$$

$$\frac{\partial \phi_1}{\partial y} = \gamma_1 k_1 x\left[4(u+x)+2v\right] + 4\gamma_2 k_2 uv + \lambda_1 k_1 x = 0 \tag{6.23}$$

$$\frac{\partial \phi_1}{\partial u} = 4\gamma_1 k_1 xy + 2\gamma_2 k_2 v(2y+4u+x) + \lambda_2 k_2 v = 0 \tag{6.24}$$

$$\frac{\partial \phi_1}{\partial v} = 2\gamma_1 k_1 xy + 2\gamma_2 k_2 u\left[2(y+u)+x\right] + \lambda_2 k_2 u = 0 \tag{6.25}$$

erfüllt sind. Durch Multiplikation der Gl. (6.22) mit x und der Gl. (6.23) mit y und durch anschließende Subtraktion ist in diesem Fall eine Elimination des willkürlichen Faktors λ_1 möglich und durch Einsetzen der Gl. (6.18) ergibt sich

$$x = \sqrt{\frac{2\gamma_2 A_2 A_1}{k_1(2\gamma_1 A_1 + \gamma_2 A_2)}}\,, \qquad y = \frac{A_1}{k_1 x}\;. \tag{6.26}$$

Die Elimination des Faktors λ_2 der Gln. (6.24, 6.25) liefert in entsprechender Weise

$$u = \sqrt{\frac{\gamma_1 A_1 A_2}{k_2(2\gamma_1 A_1 + 2\gamma_2 A_2)}}\,, \qquad v = \frac{A_2}{k_2 u}\;. \tag{6.27}$$

Für vorgegebene Flächen A_1, A_2 geben die Gln. (6.26, 6.27) die Abmessungen x,y,u,v des Magneten mit dem geringsten Gewicht an. In Bild 6.22, S. 184, sind die Niveaulinien des minimalen Gewichts in Abhängigkeit von A_1, A_2 dargestellt. Die Magnetisierungskennlinie des Eisens wird durch

$$H = C_1' \, B + C_2' \, B^m \tag{6.28}$$

nachgebildet, Beispiel 15, und in das auf den strichpunk-

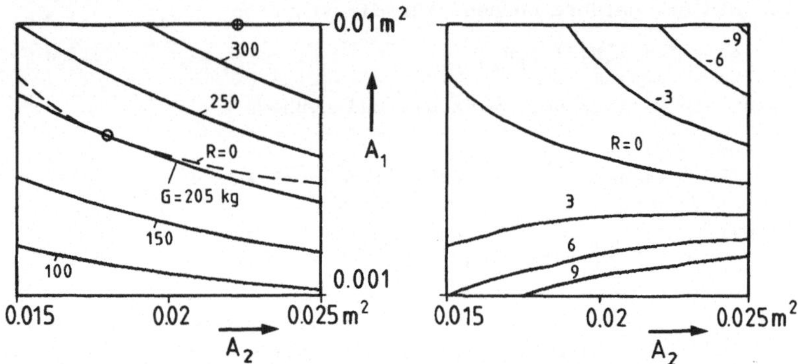

Bild 6.22 Gesamtgewicht G

Bild 6.23 Restriktion R

tierten Weg l_2, Bild 6.21, S. 181, angewandte Durchflutungsgesetz

$$\Theta = S\,A_1 = \frac{B}{\mu_0}\,2\delta + H\,l_2 \tag{6.29}$$

eingesetzt

$$S\,A_1 = \left(\frac{2\delta}{\mu_0} + C_1'\,l_2\right)B + C_2'\,l_2\,B^m \quad . \tag{6.30}$$

Die Induktion

$$B = \sqrt{\frac{\mu_0 F}{2A_2}} \tag{6.31}$$

wird durch die vorgegebene Kraft F unter allen Schenkeln bestimmt. Gl. (6.30) mit Gl. (6.31) stellt die zu erfüllende Restriktion R dar, die von A_1, A_2 und l_2 abhängig ist. Da die mittlere Feldlinienlänge von y, u und x abhängt, ist eine Auflösung der Gl. (6.30) nicht möglich. Mit der Abkürzung

$$l_2' \equiv \frac{S\,A_1 - \frac{2\delta}{\mu_0}\,B}{C_1'\,B + C_2'\,B^m} \tag{6.32}$$

für beliebige A_1 und A_2 lautet die Restriktion

$$R \equiv \left(1 - \frac{l_2'}{l_2}\right) = 0 \ . \qquad (6.33)$$

Entsprechend der Gl. (3.23) ist die Funktion

$$\phi_2 = G + \lambda R^2 \qquad (6.34)$$

zu minimieren, wobei die Lösung auf dem durch die Restriktion gegebenen Streckenzug liegt. In Bild 6.23, S.184, sind die Niveaulinien der Restriktion in Abhängigkeit von A_1 und A_2 dargestellt. Ausgehend von einem Anfangswert für $A_1^{(0)}$, $A_2^{(0)}$ und $\lambda^{(0)}$ wird die Funktion ϕ_2 mit Hilfe des Minimizing Step in Koordinaten- oder konjugierten Richtungen, Beispiel 10, minimiert, Bild 6.24, S.186. Die Rechnung wird abgebrochen, wenn die Restriktion $|R| < \varepsilon$ ist. Andernfalls wird λ mit dem Faktor $C>1$ multipliziert und die Rechnung wiederholt. In Bild 6.22, S.184, ist die Restriktion $R=0$ gestrichelt eingezeichnet. Die Lösung ist der Berührungspunkt von $R=0$ mit dem kleinsten möglichen Gewicht $G=205$. In der Tabelle ist der Iterationsablauf für den in Bild 6.22, S.184, mit einem ⊕ gekennzeichneten Startpunkt wiedergegeben.

k	λ	A_1/m^2	A_2/m^2	G/kg	ϕ_2	R
1	200	0.006260	0.017796	202.91	204.02	0.07462
2	1000	0.006294	0.017905	204.69	204.89	0.01443
3	5000	0.006309	0.017905	205.03	205.07	0.00295
4	25000	0.006312	0.017909	205.09	205.11	0.00059

Tabelle 6.8 Iterationsablauf für $A_1^{(0)}=0.01m^2$, $A_2^{(0)}= 0.022m^2$, $\varepsilon=10^{-3}$

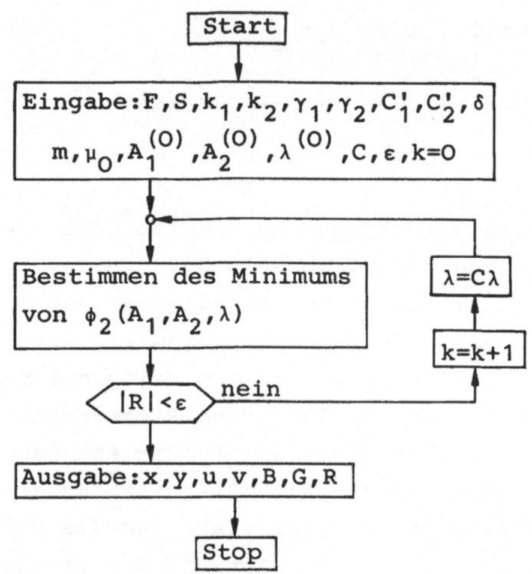

Bild 6.24 Numerische Optimierung eines M-Magneten mit Restriktionen

Beispiel 12 Transformator als Impulsübertrager

Die elektrischen Einschwingvorgänge beim Einschalten eines Einphasentransformators sollen mit den Integrationsverfahren nach Runge-Kutta und der Trapezregel (Abschnitt 4.2) untersucht werden.

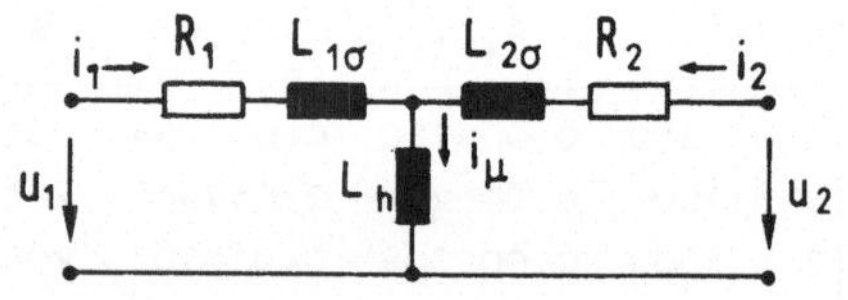

Bild 6.25 Transformatorersatzschaltbild

Bild 6.25 zeigt das Ersatzschaltbild des Transformators, wobei die Sekundärwicklung auf die Primärseite bezogen ist. Die Wicklungswiderstände R_1, R_2 und die Streuinduktivitäten $L_{1\sigma}$, $L_{2\sigma}$ werden konstant, die Hauptinduktivität L_h sättigungsabhängig angenommen. Aus Bild 6.25 ergeben sich die Spannungsgleichungen

$$u_1(t) = R_1 i_1 + L_{1\sigma} \frac{di_1}{dt} + \frac{d\psi}{dt}$$
$$u_2(t) = R_2 i_2 + L_{2\sigma} \frac{di_2}{dt} + \frac{d\psi}{dt} \quad . \tag{6.35}$$

Durch Einführen der dynamischen Induktivität [26]

$$L_h = \frac{d\psi}{di_\mu} \quad , \quad \frac{d\psi}{dt} = \frac{d\psi}{di_\mu}\frac{di_\mu}{dt} \quad , \quad i_\mu = i_1 + i_2 \tag{6.36}$$

kann die Flußverkettung ψ eliminiert werden

$$(L_h+L_{1\sigma})\frac{di_1}{dt} + L_h \frac{di_2}{dt} = u_1(t) - R_1 i_1$$
$$L_h \frac{di_1}{dt} + (L_h+L_{2\sigma})\frac{di_2}{dt} = u_2(t) - R_2 i_2 \quad . \tag{6.37}$$

Man erhält ein lineares Differentialgleichungssystem entsprechend Gl. (4.1b)

$$\underline{L}\, \underline{i}' = \underline{u} - \underline{R}\, \underline{i} \quad . \tag{6.38}$$

Für die bezogenen Größen $R_1=R_2=L_{1\sigma}=L_{2\sigma}=0.1$, $u_1(t<0)=0$, $u_1(t\geq 0)=1$, $u_2=0$ und <u>konstanter Induktivität</u> $L_h=4$ wird der nach Runge-Kutta und mit der Trapezregel berechnete Einschwingvorgang in Tabelle 6.9, S.188, gegenübergestellt. Der Strom $i_1(t)$ wächst im Bereich $0<t<4$ schnell an, erreicht seinen stationären Endwert 10 wegen der großen Zeitkonstante des Magnetisierungsstromes aber erst wesentlich später. Die Wahl der Schrittweite h wirkt sich hauptsächlich im Anfangsbereich aus. Hier liefert das Integrationsverfahren nach Runge-Kutta bei gleicher Schrittweite geringfügig bessere Resultate als die Trapezregel.

Berücksichtigt man die <u>Sättigung</u> des magnetischen Hauptkreises durch die Potenzfunktion (Beispiel 15)

$$i_\mu = c_1\psi + c_2\psi^n \quad , \tag{6.39}$$

	h	t: 1	4	20	100
Runge-Kutta	2		4.6854	6.0939	8.5452
	1	3.1863	5.1420	6.0940	8.5452
	0.5	3.2205	5.1490	6.0940	8.5452
	0.2	3.2219	5.1493	6.0940	8.5452
Trapez-regel	2		5.2409	6.0940	8.5453
	1	3.3947	5.1792	6.0940	8.5452
	0.5	3.2613	5.1569	6.0940	8.5452
	0.2	3.2281	5.1506	6.0940	8.5452

Tabelle 6.9 Strom $i_1(t)$ für konstante Koeffizienten

so berechnet sich die Hauptinduktivität, Gl. (6.36), aus der Flußverkettung ψ zu

$$L_h = \frac{1}{c_1 + nc_2\psi^{n-1}} \quad . \tag{6.40}$$

Eine mit den Werten $c_1=0.25$, $c_2=0.75$ und $n=5$ wiederholte Rechnung ist in Bild 6.26 wiedergegeben, der Einschwingvorgang ist für $t=10$ nahezu abgeklungen.

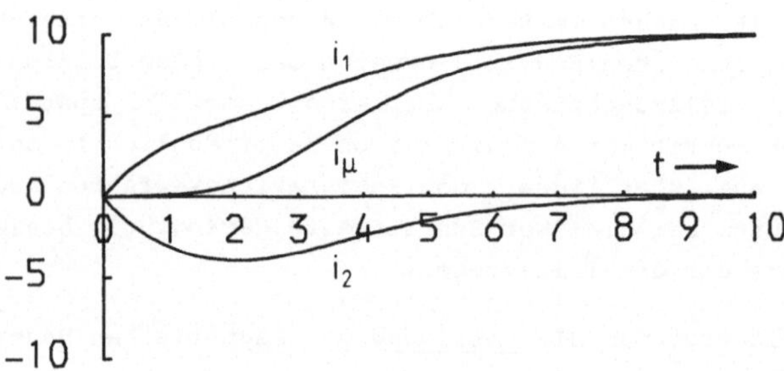

Bild 6.26 Einschaltvorgang mit sättigungsabhängiger Hauptinduktivität

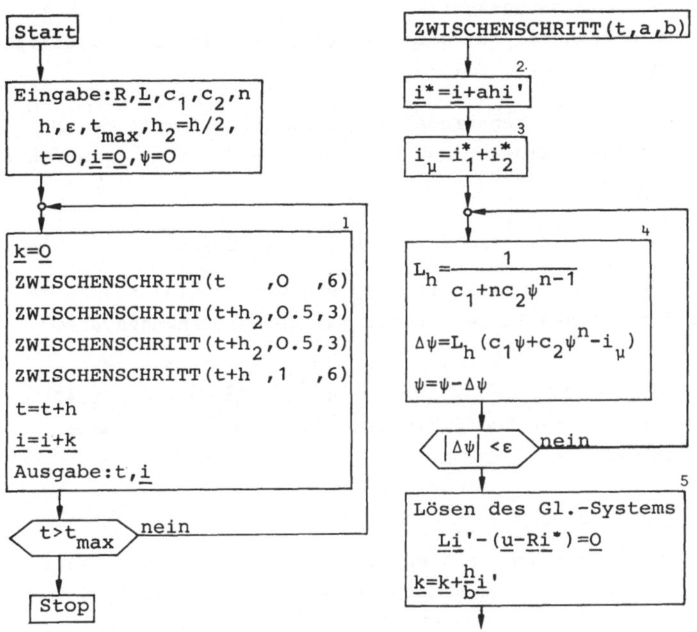

Bild 6.27 Runge-Kutta Verfahren, Anpassen der Hauptinduktivität L_h.

Wählt man das Runge-Kutta Verfahren, dann muß die Induktivität L_h für jeden Zwischenschritt des Zeitintervalls h (Bild 6.27, Bl. 1) neu berechnet werden. Dies erfolgt im Unterprogramm ZWISCHENSCHRITT(t,a,b) in Bl. 4. Der Parameter a nimmt entsprechend der Rechenvorschrift (4.15) die Werte 0, 0.5 und 1, der Parameter b die Werte 6 und 3 an. In Bl. 2 wird der Strom $\underline{i}$ um den Zuwachs $ah\underline{i}'$ verändert, in Bl. 3 der zugehörige Magnetisierungsstrom bestimmt. Wegen Gl. (6.37) muß die Flußverkettung bei gegebenem Strom i_μ iterativ ermittelt werden. Hier ist das Newtonverfahren angewendet worden, Bl. 4,5, wobei als Anfangswert für ψ auf das Ergebnis des letzten Teilschrittes zurückgegriffen wird. Mit der Lösung $\underline{i}'$ des Gleichungssystems (6.38) wird in Bl. 6 der Mittelwert $\underline{k}$ berechnet, aus dem zum Zeitpunkt t+h der endgültige Zuwachs des Stromes $\underline{i}$ folgt.

Die Anwendung der Trapezregel führt auf die Iterationsvorschrift (4.19d). Ersetzt man $\underline{A}$ durch $\underline{L}$, $\underline{B}$ durch $-\underline{R}$, $\underline{y}$ durch $\underline{i}$ und $\underline{f}$ durch $\underline{u}$

$$\underline{i}_{t+h} = \underline{i}_t + \frac{h}{2}\left[\underline{L}_t^{-1}(\underline{u}_t - \underline{R}\underline{i}_t) + \underline{L}_{t+h}^{-1}(\underline{u}_{t+h} - \underline{R}\underline{i}_{t+h})\right] \quad , \qquad (6.41)$$

multipliziert Gl. (6.41) mit $\underline{L}_{t+h}$ und bringt die Unbekannte $\underline{i}_{t+h}$ auf die linke Seite, erhält man das Gleichungssystem

$$\left(\underline{L}_{t+h} + \frac{h}{2}\,\underline{R}\right)\underline{i}_{t+h} = \underline{L}_{t+h}\left[\underline{i}_t + \frac{h}{2}\,\underline{L}_t^{-1}(\underline{u}_t - \underline{R}\underline{i}_t)\right] + \frac{h}{2}\,\underline{u}^{(t+h)} \qquad (6.42)$$

mit nichtkonstanten Koeffizienten. Der in eckigen Klammern stehende Ausdruck

$$\underline{i}_t^* = \underline{i}_t + \frac{h}{2}\,\underline{i}_t' \qquad (6.43)$$

enthält nur Werte des letzten Schrittes t und wird zu Anfang eines jeden Zeitschrittes berechnet, Bild 6.28,Bl. 1, S. 191. Das Differential $\underline{i}_t'$ ist nach Gl. (6.42) die Lösung des Gleichungssystems

$$\underline{L}_t\,\underline{i}_t' = \underline{u}_t - \underline{R}\,\underline{i}_t \quad . \qquad (6.44)$$

Zur Lösung von Gl. (6.42) kann das Newtonverfahren (siehe Beispiel 7) verwendet werden. Nach jedem Iterationsschritt wird in Bl. 2 die Induktivität L_h der Lösung $\underline{i}_{t+h}^{(k)}$ entsprechend Bild 6.27, Bl. 3-5, S. 189, angepaßt. Die "Nachiteration" wird abgebrochen (Bild 6.28, Bl. 3, S. 191), wenn das Residuum

$$\underline{g} = \left(\underline{L}_{t+h} + \frac{h}{2}\,\underline{R}\right)\underline{i}_{t+h} - \underline{L}_{t+h}\underline{i}_t^* - \frac{h}{2}\,\underline{u}_{t+h} \qquad (6.45)$$

die Fehlerschranke ε unterschritten hat.

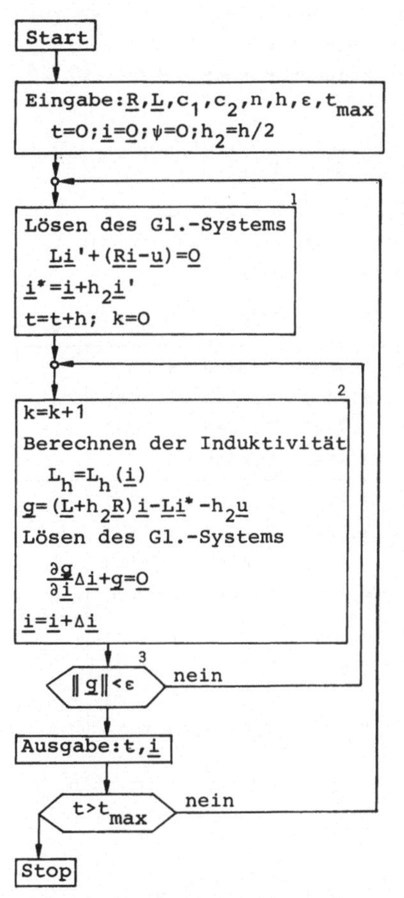

Bild 6.28 Trapezregel mit Nachiteration und angepaßter Induktivität

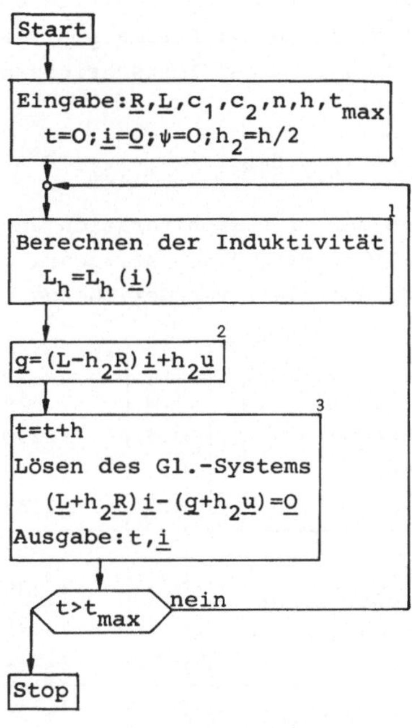

Bild 6.29 Trapezregel mit nachgeführter Induktivität

Wählt man die Schrittweite h ausreichend klein, wird man zur Berechnung der Ströme $\underline{i}_{t+h}$ näherungsweise die Koeffizienten des vorherigen Zeitschritts heranziehen können (vergl. Gl. 4.19b)

$$\left(\underline{L}_t + \frac{h}{2}\,\underline{R}\right)\underline{i}_{t+h} = \left(\underline{L}_t - \frac{h}{2}\,\underline{R}\right)\underline{i}_t + \frac{h}{2}\left(\underline{u}_t + \underline{u}_{t+h}\right) , \qquad (6.46)$$

so daß eine Nachiteration entfällt, Bild 6.29, Bl. 2,3, S.191. Nach jedem Zeitschritt wird die Hauptinduktivität in Abhängigkeit von der Lösung nachgeführt, Bl. 1.

	h	t: 1.0	2.0	4.0	6.0	k
Runge-Kutta	1.0	3.1944	4.6656	7.3993	9.0871	
	0.5	3.2308	4.7111	7.4503	9.1086	
	0.2	3.2323	4.7142	7.4548	9.1105	
	0.1	3.2323	4.7143	7.4549	9.1106	
Trapezregel, Koeffizienten angepaßt	0.5	3.2793	4.8161	7.5603	9.1555	6
	0.2	3.2395	4.7294	7.4712	9.1175	5
	0.1	3.2341	4.7180	7.4590	9.1123	4
	0.05	3.2328	4.7152	7.4560	9.1110	4
Trapezregel, Koeffizienten nachgeführt	0.2	3.2335	4.6094	7.0665	8.9182	
	0.1	3.2310	4.6516	7.2572	9.0164	
	0.05	3.2312	4.6799	7.3553	9.0640	
	0.01	3.2320	4.7069	7.4349	9.1013	

Tabelle 6.10 Strom $i_1(t)$ bei sättigungsabhängiger Hauptinduktivität, k=Zahl der Nachiterationen zum Zeitpunkt t=1.0

In Tabelle 6.10 ist der Stromverlauf $i_1(t)$ unter Berücksichtigung der Sättigung für die genannten Verfahren gegenübergestellt. Mit Runge-Kutta erhält man bereits für die Schrittweite h=0.5 ausgezeichnete Ergebnisse, die sich bei Reduzierung der Schrittweite nur noch geringfügig ändern. Verwendet man die Trapezregel nach Bild 6.28,S.191, wobei die Koeffizienten mit Hilfe einer Nachiteration der Lösung angepaßt werden, ist die Schrittweite etwas kleiner zu wählen. Die

Zahl der Nachiterationen läßt erkennen, daß sich gegenüber Runge-Kutta in diesem Fall keine Rechenvorteile ergeben. Die Trapezregel mit nachgeführten Koeffizienten liefert vergleichsweise ungünstigere Resultate für t>1.0, wenn sich die Hauptinduktivität im Sättigungsbereich befindet. Die Genauigkeit kann gesteigert werden, wenn man die Schrittweite verkleinert. Im allgemeinen wird man sich mit einem Fehler von etwa 1% zufrieden geben.

<u>Beispiel 13</u> Einschalten eines Bremsmagneten

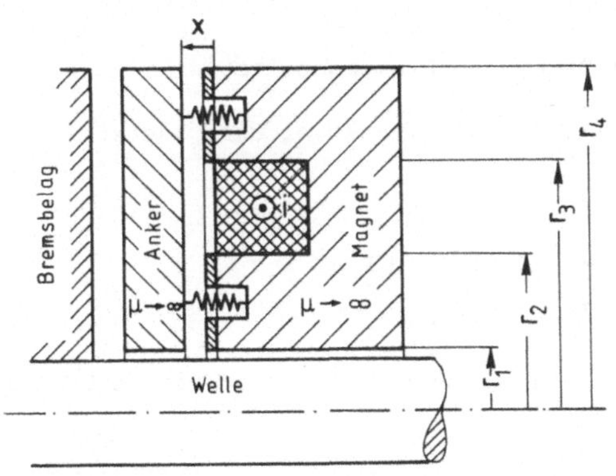

Bild 6.30 Topfmagnet als Motorbremse

Für die in Bild 6.30 gezeigte Anordnung soll der dynamische Einschaltvorgang berechnet werden, der nach Anlegen einer Gleichspannung an die Erregerwicklung des Magneten abläuft. Es werden folgende vereinfachende Annahmen getroffen:

1. Der magnetische Fluß überquere den Luftspalt homogen und nur unter den Schenkeln des Magneten. Streufelder bleiben unberücksichtigt.
2. Die Permeabilität des Eisens von Magnet und Anker sei sehr groß ($\mu_{Fe} \to \infty$), Wirbelströme werden vernachlässigt.

In Tabelle 6.11, S.194, sind die Daten des Bremsmagneten zu-

Fläche unter dem inneren Schenkel	$A_1=\pi(r_2^2-r_1^2)=4\times10^{-3}m^2$
Fläche unter dem äußeren Schenkel	$A_2=\pi(r_4^2-r_3^2)=4\times10^{-3}m^2$
Masse des Ankers	m=0.675kg
minimaler Luftspalt	$x_1/x_0\equiv c_5=0.1970$
maximaler Luftspalt	$x_2/x_0\equiv c_4=0.5$
theoretischer Luftspalt bei entspannter Feder	$x_3/x_0\equiv c_2=2.848$
Federkonstante	$c_1=5.77\times10^4$N/m
Erregerspannung	u=100V
Wicklungswiderstand	R=245Ω
Windungszahl	w=3000

Tabelle 6.11 Daten des Bremsmagneten

sammengestellt. Die Spannungsgleichung lautet

$$u= R\, i + \frac{d\psi}{dt} \quad , \tag{6.47}$$

wobei die Wicklung mit dem Fluß

$$\psi = w\, B_1\, A_1 = w\, B_2\, A_2 \tag{6.48}$$

verkettet ist. Aus dem Durchflutungsgesetz erhält man die Beziehung

$$w\, i = \frac{x}{\mu_0}(B_1 + B_2) \tag{6.49}$$

zwischen dem Erregerstrom i und den Luftspaltinduktionen B_1, B_2 unter den beiden Schenkeln. Mit den Bezugsgrößen $i_0=u/R$ und x_0 sowie den Gleichungen (6.48, 6.49) wird Gl. (6.47) in der Form

$$T_1\, \frac{d}{dt}\left(\frac{i/i_0}{x/x_0}\right)= (1 - \frac{i}{i_0}) \tag{6.50}$$

dargestellt. Der Magnet kann nur dann die Bremse lüften, wenn die Magnetkraft

$$F_m = \frac{1}{2\mu_0}\left[B_1^2A_1 + B_2^2A_2\right] \tag{6.51}$$

die Federkraft

$$F_c = c_1(x_3 - x) \tag{6.52}$$

überwindet, so daß

$$m \frac{d^2x}{dt^2} = F_c - F_m \quad . \tag{6.53}$$

$T_1=\frac{\mu_0 w^2 A_1}{x_0 R(1+A_1/A_2)}$,	$T_2=T_1\frac{x_0}{x_2}$,	$T_3=\frac{mv_0}{c_1 x_0}$
$c_3=\frac{\mu_0 A_1 (wi_0)^2}{2c_1 x_0^3(1+A_1/A_2)}$,	$T_4=\frac{x_0}{v_0}$,	$T_5=T_1\frac{x_0}{x_1}$

Tabelle 6.12 Verwendete Abkürzungen

Um bei bewegtem Anker auf ein Differentialgleichungssystem 1.Ordnung zu kommen, wird die Geschwindigkeit v mit der frei wählbaren Bezugsgröße v_0 eingeführt

$$T_4 \frac{d}{dt}\frac{x}{x_0} = \frac{v}{v_0} \quad . \tag{6.54}$$

Werden die Gln. (6.48, 6.49, 6.51, 6.52, 6.54) in Gl. (6.53) eingesetzt, erhält man

$$T_3 \frac{d}{dt}\frac{v}{v_0} = c_2 - \frac{x}{x_0} - c_3\left(\frac{i/i_0}{x/x_0}\right)^2 \quad . \tag{6.55}$$

Aus Bild 6.31, S. 196, ist ersichtlich, daß der Einschaltvorgang in drei Bereiche unterteilt werden kann.

1.) $0 \le t \le t_1$, $F_m \le F_c$, $x = x_2$, $v = 0$

Es gilt die Differentialgleichung

$$T_2 \frac{d}{dt}\frac{i}{i_0} = 1 - \frac{i}{i_0} \tag{6.56}$$

mit der Lösung

$$\frac{i}{i_0} = 1 - e^{-t/T_2} \quad . \tag{6.57}$$

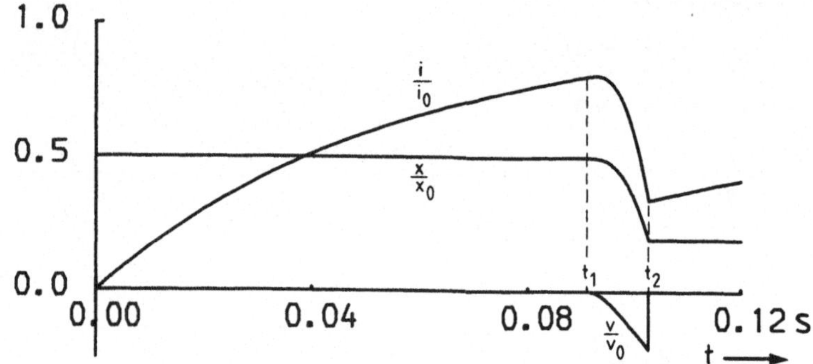

Bild 6.31 Einschalten eines Bremsmagneten, v_0=1m/s

Aus der Bedingung $F_m=F_c$ (Gl. 6.55, $\frac{dv}{dt}=0$) läßt sich der Strom

$$\frac{i_1}{i_0} = c_4\sqrt{\frac{c_2-c_4}{c_3}} \tag{6.58}$$

zum Zeitpunkt

$$t_1 = - T_2 \ln(1 - \frac{i_1}{i_0}) \tag{6.59}$$

bestimmen.

2.) $t_1 \le t \le t_2$, $F_m \ge F_c$, $x_1 \le x \le x_2$, $v \ne 0$
Mit den Abkürzungen

$$y_1 = \frac{i/i_0}{x/x_0} \quad , \quad y_2 = \frac{v}{v_0} \quad , \quad y_3 = \frac{x}{x_0} \tag{6.60}$$

und den Gln. (6.50, 6.54, 6.55) erhält man das nichtlineare Differentialgleichungssystem

$$\begin{aligned} T_1 \frac{dy_1}{dt} &= 1 - y_1 y_3 \\ T_3 \frac{dy_2}{dt} &= c_2 - y_3 - c_3 y_1^2 \end{aligned} \tag{6.61}$$

$$T_4 \frac{dy_3}{dt} = y_2 \quad , \tag{6.61}$$

welches mit einem der in Abschnitt (4.2) behandelten Integrationsverfahren gelöst werden kann, z.B. Beispiel 12, Bild 6.27, S. 189. In Bild 6.31, S. 196, sind die berechneten zeitlichen Verläufe aufgezeichnet. Der Strom steigt für $t>t_1$ anfangs weiter an. Da die elektrische Zeitkonstante wesentlich größer als die mechanische ist, bleibt der Fluß fast unverändert, so daß sich der Strom mit kleiner werdendem Luftspalt verringert. Der Bewegungsvorgang ist abgeschlossen, wenn der Luftspalt den Wert x_1 erreicht hat.

3.) $t \geq t_2$, $F_m > F_c$, $x=x_1$, $v=0$

Gl. (6.50) lautet jetzt

$$T_5 \frac{d}{dt} \frac{i}{i_0} = 1 - \frac{i}{i_0} \quad . \tag{6.62}$$

Der Strom

$$\frac{i}{i_0} = 1 - \left(1 - \frac{i_2}{i_0}\right) e^{-(t-t_2)/T_5} \quad , \quad i_2 = i(t_2) \tag{6.63}$$

strebt mit der Zeitkonstante $T_5 > T_2$ seinem stationären Wert 1 zu.

<u>Beispiel 14</u> Ausgleichsvorgänge in elektrischen Netzen

Für ein einphasiges Netzwerk, bestehend aus einer verlustlosen Leitung mit homogen verteiltem Induktivitätsbelag L' und Kapazitätsbelag C' sowie den konzentrierten Elementen R(=Widerstand), L(=Induktivität) und C(=Kapazität),

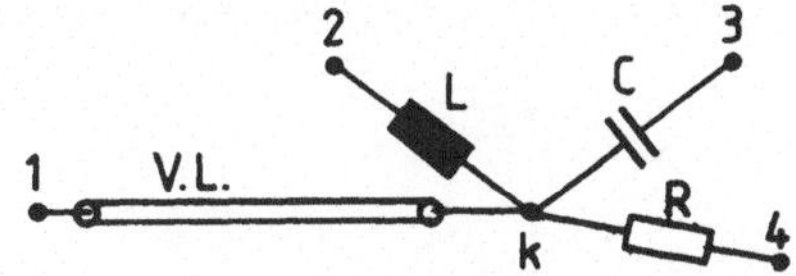

Bild 6.32 Netzknotenpunkt k mit vier verschiedenen Zweigtypen V.L.=verlustlose Leitung

werden transiente und Wanderwellenvorgänge anhand der Leitungscharakteristiken und durch schrittweise Integration mit der Trapezregel (Abschnitt 4.1.2) untersucht [27]. Bei Verwendung des Knotenpunktverfahrens ist jeder Zweigstrom i_{kj} (positiv von k nach j) als Funktion der Knotenpunktsspannungen darzustellen und durch

$$\sum_{j=1}^{n} i_{kj} = 0 \tag{6.64}$$

zu eliminieren [28].

Die Wellengleichung (2.4) der <u>verlustlosen Leitung</u> ist vom hyperbolischen Typ

$$\frac{\partial^2 i}{\partial x^2} = L'C' \frac{\partial^2 i}{\partial t^2} \tag{6.65}$$

und besitzt die allgemeine Lösung [29]

$$i = f_h(x-vt) + f_r(x+vt) \quad , \tag{6.66}$$

d.h. die Stromverteilung setzt sich aus einer mit der Geschwindigkeit

$$v = \frac{1}{\sqrt{L'C'}} \tag{6.67}$$

in positiver x-Richtung fortschreitenden Welle f_h und einer rücklaufenden Welle f_r zusammen. Der Verlauf der Funktionen f_h und f_r wird durch die Randbedingungen zum Zeitpunkt t=0 bestimmt. Mit dem Wellenwiderstand der Leitung

$$Z_w = \sqrt{\frac{L'}{C'}} \tag{6.68}$$

ergibt sich die Spannungsverteilung zu

$$u = Z_w\, f_h(x-vt) - Z_w\, f_r(x+vt) \quad . \tag{6.69}$$

Durch Addition bzw. Subtraktion der Gln. (6.66, 6.69) erhält man

$$u + Z_w i = \quad 2Z_w\, f_h(x-vt) \tag{6.70a}$$

$$u - Z_w i = -\, 2Z_w\, f_r(x+vt) \quad . \tag{6.70b}$$

Die Funktionen x-vt=konst. sowie x+vt=konst. sind nach Abschnitt 5.1 die Charakteristiken der Differentialgleichung (6.65) und besagen, daß die Welle, die zum Zeitpunkt $t-\tau$ am Leitungsanfang (Punkt 1) losläuft, identisch ist mit der Welle, die zum Zeitpunkt t das Ende der Leitung (Punkt k) erreicht, wobei die Laufzeit

$$\tau = \frac{l}{v} = l\sqrt{L'C'} \tag{6.71}$$

durch die Geschwindigkeit und die Leitungslänge l gegeben ist. Aus Gl. (6.70a) folgt somit

$$u_1^{(t-\tau)} + Z_w i_{1k}^{(t-\tau)} = u_k^{(t)} - Z_w i_{k1}^{(t)}$$

und für den gesuchten Strom am Ende der Leitung

$$i_{k1}^{(t)} = -\, i_{1k}^{(t-\tau)} + G_w\left(u_k^{(t)} - u_1^{(t-\tau)}\right) \quad , \tag{6.72}$$

wobei der Leitwert mit $G_w = 1/Z_w$ abgekürzt wird.

Auf die Differentialgleichung für den <u>induktiven</u> Zweig

$$u_k - u_2 = L\,\frac{d}{dt}\,i_{k2} \tag{6.73}$$

wird die Trapezregel angewendet

$$L\left(i_{k2}^{(t)} - i_{k2}^{(t-h)}\right) = \frac{h}{2}\left(u_k^{(t)} - u_2^{(t)} + u_k^{(t-h)} - u_2^{(t-h)}\right) \quad .$$

Mit dem Leitwert $G_L = h/(2L)$ erhält man für den unbekannten Zweigstrom

$$i_{k2}^{(t)} = i_{k2}^{(t-h)} + G_L\left(u_k^{(t)} - u_2^{(t)} + u_k^{(t-h)} - u_2^{(t-h)}\right) \quad . \tag{6.74}$$

Aus der Differentialgleichung für den kapazitiven Zweig

$$i_{k3} = C \frac{d}{dt}(u_k - u_3) \tag{6.75}$$

folgt mit der Trapezregel

$$C\left(u_k^{(t)} - u_3^{(t)} - u_k^{(t-h)} + u_3^{(t-h)}\right) = \frac{h}{2}\left(i_{k3}^{(t)} + i_{k3}^{(t-h)}\right) ,$$

so daß für den zum Zeitpunkt t durch den Kondensator fließenden Strom mit G_C=2C/h gilt

$$i_{k3}^{(t)} = - i_{k3}^{(t-h)} + G_C\left(u_k^{(t)} - u_3^{(t)} - u_k^{(t-h)} + u_3^{(t-h)}\right) . \tag{6.76}$$

Durch den ohmschen Widerstand $R_R=1/G_R$ fließt der Strom

$$i_{k4}^{(t)} = G_R\left(u_k^{(t)} - u_4^{(t)}\right) . \tag{6.77}$$

Werden die Gln. (6.72, 6.74, 6.76, 6.77) in die Knotenpunktsgl. (6.64) eingesetzt, erhält man die Bestimmungsgl.

$$\begin{aligned}(G_W+G_L+G_C+G_R)u_k^{(t)} - G_L u_2^{(t)} - G_C u_3^{(t)} - G_R u_4^{(t)} = \\ G_W u_1^{(t-\tau)} + G_L\left(u_2^{(t-h)}-u_k^{(t-h)}\right) + G_C\left(u_k^{(t-h)}-u_3^{(t-h)}\right) \\ + i_{1k}^{(t-\tau)} - i_{k2}^{(t-h)} + i_{k3}^{(t-h)}\end{aligned} \tag{6.78}$$

für die Spannung $u_k^{(t)}$. Auf den Knotenpunkt 1 im Bild 6.33, S.201, angewandt, lautet Gl. (6.78) beispielsweise

$$\begin{aligned}\left(G_{L_1}+G_{R_1}\right)u_1^{(t)} - G_{R_1}u_2^{(t)} = G_{L_1}u_0^{(t)} + G_{L_1}\left(u_0^{(t-h)}-u_1^{(t-h)}\right) \\ - i_{1,0}^{(t-h)}\end{aligned} \tag{6.79}$$

Die Gleichungen aller Knotenpunkte ergeben ein lineares Gleichungssystem mit symmetrischer Koeffizientenmatrix, welches zweckmäßigerweise nach der Methode von Cholesky (Beispiel 2) zu lösen ist. Da die Koeffizienten konstant sind, braucht die Dreieckszerlegung nur einmal vorgenommen zu werden. Die rechte Seite des Gleichungssystems enthält die Ergebnisse des vorherigen Zeitschritts t-h, den Zustand am anderen Leitungsende (Punkt 1) zum Zeitpunkt t-τ und vorgegebene Knotenpunktsspannungen mit ihren Koeffizienten. An beiden Leitungsenden sind Spannungen und Ströme bis zur Zeit t-τ zurück in einer Liste zu speichern. Nimmt man das Verhältnis τ/h ganzzahlig an, so bezeichnet

$$1 + \frac{t}{h} \text{ modulo}\left(\frac{\tau}{h}+1\right) \tag{6.80a}$$

die aktuelle Adresse der $\frac{\tau}{h}+1$ Werte umfassenden Liste und

$$1 + \left(\frac{t}{h}+1\right) \text{modulo}\left(\frac{\tau}{h}+1\right) \tag{6.80b}$$

die Adresse der um den Zeitpunkt τ zurückliegenden Größen.

Adresse	1	2	3	4	...	$\frac{\tau}{h}+1$
Zeit	0 τ+h 2τ+2h	h τ+2h	2h τ+3h	3h τ+4h	... ...	τ 2τ+h

Tabelle 6.13 Speicherung des Leitungszustandes

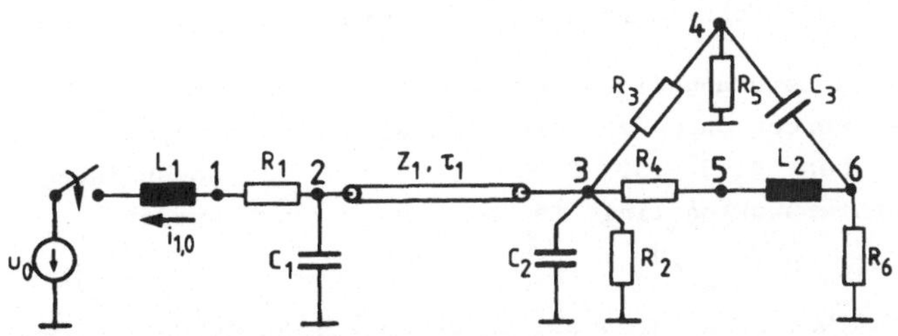

Bild 6.33 Mit einem Netzwerk abgeschlossene Leitung

In Bild 6.33 speist eine Spannungsquelle über eine Leitung die Verbraucher R_2, R_5 und R_6. Der berechnete Einschwingvorgang ist in Bild 6.34, S.202, aufgezeichnet. Die Knotenpunktsspannung u_2 steigt anfangs verzögert auf den Wert $u_0Z/(R_1+Z)$ an und schwingt nach Eintreffen der reflektierten Welle um den Wert u_0. Der Abklingvorgang wird durch die verlustlose Leitung stark verzögert. Es ist deutlich erkennbar, daß die Wanderwellen an beiden Leitungsenden Spannungsimpulse

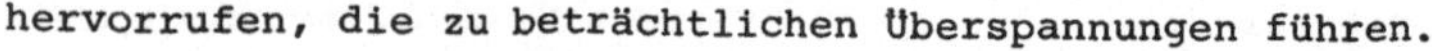

hervorrufen, die zu beträchtlichen Überspannungen führen.

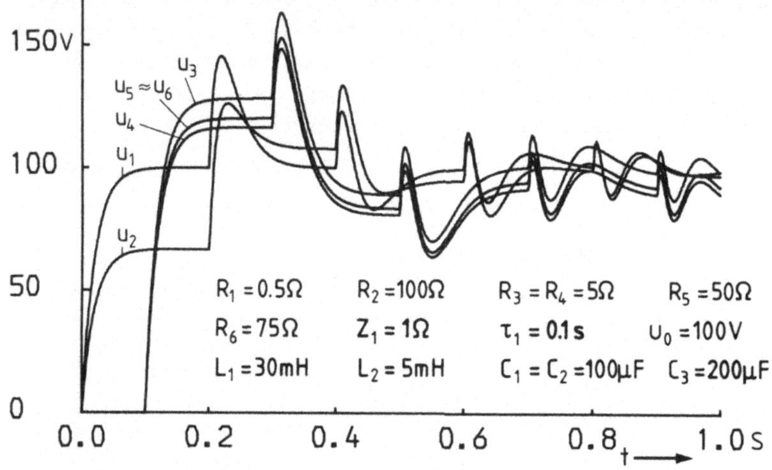

Bild 6.34 Knotenpunktsspannungen von Bild 6.33

Beispiel 15 Nachbildung der Magnetisierungskennlinie

Die Magnetisierungseigenschaften von ferromagnetischen Werkstoffen werden durch den nichtlinearen Zusammenhang B=f(H) beschrieben, Bild 6.35, S.203. Eine einfache Nachbildung der Magnetisierungskennlinie ist mit der Potenzfunktion

$$H = c_1\, B + c_2\, B^n \tag{6.81}$$

möglich. Die Konstanten c_1, c_2 und n werden durch drei Punkte der Kennlinie festgelegt. Die Potenzfunktion weicht beispielsweise mit den Werten

$$c_1 = 9.09 \frac{A}{Tcm} \quad , \quad c_2 = 1.309 \frac{A}{T^9 cm} \quad , \quad n=9 \tag{6.82}$$

im mittleren Bereich nur geringfügig von der gemessenen Kennlinie (Bild 6.35, S.203) ab. Für die Reluktivität folgt

$$\nu \equiv \frac{H}{B} = c_1 + c_2\, B^{n-1} \quad . \tag{6.83}$$

In Bild 6.36, S.203, sind Gl. (6.83) und die Messwerte von Bild 6.35 gegenübergestellt. Bei Anwendung der finiten Ele-

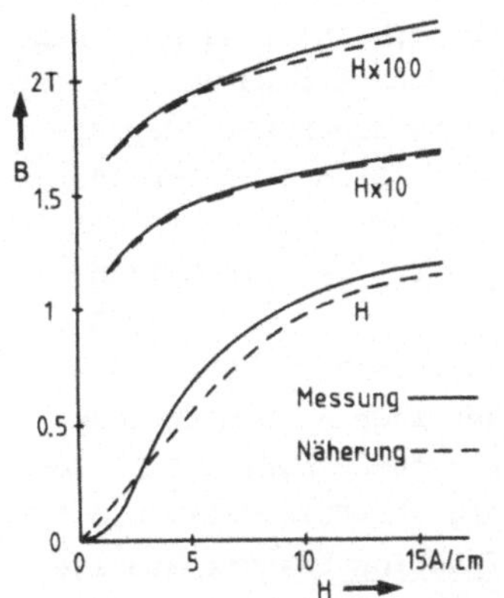

Bild 6.35 Magnetisierungskennlinie von Stahl St 52, Näherung nach Gl. (6.81, 6.82)

mente ist die Darstellung über das Induktionsquadrat vorteilhaft, da auch die Ableitung $d\nu/dB^2$ benötigt wird (Bild 6.36)

$$\nu = c_1 + c_2 (B^2)^m$$
$$\frac{d\nu}{dB^2} = m\, c_2\, (B^2)^{m-1} \quad . \qquad (6.84)$$

Weitere Untersuchungen über Potenzfunktionen und deren optimale Anpassung sind in [32] zu finden. Eine genauere Nachbildung der Kennlinie $\nu(B)$ ist mit einem aus n-1 linearen Abschnitten bestehenden Polygonzug möglich.

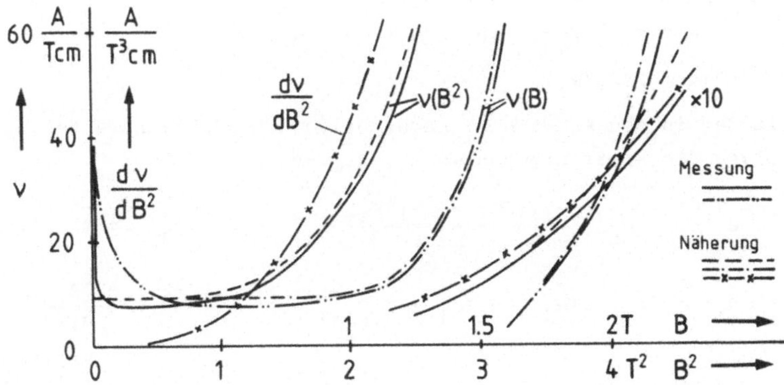

Bild 6.36 Reluktivität ν als Funktion von B und B^2, Näherung nach Gl. (6.83, 6.84) mit (6.82)

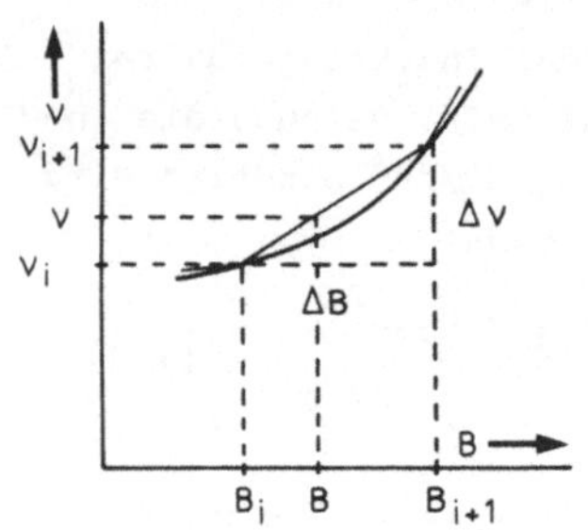

Bild 6.37 Approximation von $\nu(B)$ durch Geradenstücke

Zur Einsparung von Rechenzeit teilt man die Abszisse B in konstante Abschnitte ΔB auf, so daß sich die Zwischenwerte der Reluktivität (Bild 6.37) aus der Interpolation

$$\nu = \nu_i + (\nu_{i+1}-\nu_i)(B-B_i)/\Delta B \tag{6.85}$$

mit $B_0=0$, $B_1=\Delta B,\ldots$ berechnen, wobei der Index i unmittelbar aus der größten ganzen Zahl von $B/\Delta B$ folgt, $i=\mathrm{INT}(B/\Delta B)$. Die Splinefunktion besitzt stetige erste und zweite Ableitungen [19,22]. Sie ist in jedem Intervall i durch ein Polynom dritten Grades definiert

$$P_i(x) = a_i + b_i(x-x_i) + c_i(x-x_i)^2 + d_i(x-x_i)^3 \quad , \; x_i \le x \le x_{i+1} \tag{6.86}$$

und zeichnet sich durch eine geringe Gesamtkrümmung aus. Aus den Bedingungen

$$P_i(x_i)=f_i \; , \; P_i(x_i)=P_{i-1}(x_i) \; , \; P_i'(x_i)=P_{i-1}'(x_i) \; , \quad P_i''(x_i)=P_{i-1}''(x_i) \tag{6.87}$$

mit den in den Punkten x_i nachzubildenden Funktionswerten f_i folgen die Koeffizienten mit $h_i=x_{i+1}-x_i$ zu

$$a_i=f_i \; , \; b_i = \frac{a_{i+1}-a_i}{h_i} - \frac{2c_i+c_{i+1}}{3}h_i \; , \; d_i = \frac{c_{i+1}-c_i}{3h_i} \tag{6.88a}$$

$$h_{i-1}c_{i-1} + 2(h_{i-1}+h_i)c_i + h_i c_{i+1} = 3\left[\frac{a_{i+1}-a_i}{h_i} - \frac{a_i-a_{i-1}}{h_{i-1}}\right]. \tag{6.88b}$$

Gl. (6.88b) führt auf ein tridiagonales Gleichungssystem (Beispiel 3) mit n-2 Gleichungen, so daß in den Randintervallen $c_0=c_n=0$ gesetzt wird. [19] enthält Unterprogramme zur einmaligen Berechnung des Koeffizientensatzes (a_i,b_i,c_i,d_i) und für die Interpolation.

Literaturverzeichnis

1. Schwarz, R. & Rutishauser, H. & Stiefel, E.: Numerik symmetrischer Matrizen, Stuttgart 1972.

2. Sommerfeld, A.: Theoretische Physik Band VI, Wiesbaden 1947.

3. Ames, W.: Numerical Methods for Partial Differential Equations, New York 1969.

4. Fox, R.: Optimization Methods for Engineering Design, Massachusetts 1973.

5. Murray, W.: Numerical Methods for Unconstrained Optimization, London 1972.

6. Lautz, G.: Elektromagnetische Felder, 2.Aufl. Stuttgart 1976

7. Reichert , K.: Über ein numerisches Verfahren zur Berechnung von Magnetfeldern und Wirbelströmen in elektrischen Maschinen, Habilitationsschrift TH Stuttgart 1968.

8. Henneberger, G.: Numerische Berechnung des magnetischen Feldes in Turbogeneratoren bei beliebigen Lastfällen, Dissertation TH Aachen 1970.

9. Bönning, H.: Numerische Berechnung des Verhaltens eines Asynchronmotors mit Massivrotor und Käfigwicklung im stationären und nichtstationären Betrieb, Dissertation TH Aachen 1973.

10. Reiche, H. & Glöckner, G.: Maschinelles Berechnen elektrischer Maschinen, Berlin 1973.

11. Zienkiewicz, O.: Methode der finiten Elemente, München 1975.

12. Anderson, O.: Iterative Solution of Finite Element Equations in Magnetic Field Problems, IEEE Conference Paper C72 425-7, San Francisco Juli 1972 u.a.

13. Silvester, P. & Cabayan, P. & Browne, H.: Efficient Techniques for Finite Element Analysis of Electrical Machines, IEEE 73 (1973) Nr.6, S.1274-81 u.a.

14. Courant, R. & Hilbert, D.: Methoden der Mathematischen Physik I, Berlin 1968.

15. Simonyi, K.: Theoretische Elektrotechnik, Berlin 1956.

16. Erdélyi, E. & Fuchs, E.: Nonlinear Magnetic Field Analysis of DC Machines I-III, IEEE 89 (1970) Nr.7, S.1546-83 u.a.

17. Braess, H. & Weh, H. & Erdélyi, E.: Numerische Berechnung magnetischer Felder und Kräfte, Archiv f. Et. 52 (1969) Nr.5, S.306-17.

18. Röhe, H.: Anwendung iterativer Extremwertsuchverfahren zur Berechnung optimaler Steuerfunktionen an ausgewählten Beispielen der Regelungstechnik, Dissertation TH Braunschweig 1973.

19. Sauer, R. & Szabo, I.: Mathematische Hilfsmittel des Ingenieurs III, Berlin 1969.

20. Stiefel, E.: Einführung in die numerische Mathematik, 5.Aufl. Stuttgart 1976

21. Künzi, H. & Tzschach, H. & Zehnder, C.: Numerische Methoden der mathematischen Optimierung, Stuttgart 1967.

22. Ralston, A. & Wilf, H.: Mathematische Methoden für Digitalrechner I-II, München 1967.

23. Zurmühl, R.: Matrizen, Berlin 1964.

24. Zurmühl, R.: Praktische Mathematik, Berlin 1965.

25. Kneschke, A.: Differentialgleichungen und Randwertprobleme I-III, Berlin 1960.

26. Deleroi, W.: Berücksichtigung der Eisensättigung für dynamische Betriebszustände, Archiv f. Et. 54 (1970) Nr.1, S.31-42.

27. Dommel, H.: Berechnung elektromagnetischer Ausgleichsvorgänge in elektrischen Netzen mit Digitalrechnern, Bull. SEV 60 (1969) Nr.12, S.538-48.

28. Weh, H.: Elektrische Netzwerke und Maschinen in Matrizendarstellung, Mannheim 1968.

29. Unger, H.: Theorie der Leitungen, Braunschweig 1967.

30. Björck, Å. & Dahlquist, G.: Numerische Methoden, München 1972.

31. Browne, B. & Lawrenson, P.: Numerical Solution of an Elliptic Boundary-value Problem in the Complex Variable, J.Inst. Maths Applics (1976) Nr.17, S.311-27.

32. Stripf W.: Rechnergestützte Approximation von Elektrisierungs- und Magnetisierungskurven, Arch. f. Et. 58 (1976), S. 211-13.

33. Marsal, D.: Die numerische Lösung partieller Differentialgleichungen, Zürich 1976.

34. Bronstein, I. & Semendjajew, K.: Taschenbuch der Mathematik, Zürich 1976.

35. Herschel, R.: Anleitung zum praktischen Gebrauch von ALGOL 60, München 1971.

36. Brauch, W.: Programmierung mit FORTRAN, 3.Aufl. Stuttgart 1977

Sachverzeichnis